ATTITUDE IS EVERYTHING

你 的 蜕 变 ， 将 发 生 在 这 1 0 步 之 后 。

图解导读版
中国大陆唯一授权版本

【美】凯斯·哈瑞尔（Keith Harrell）/著

李胜利 /译

中华工商联合出版社

图书在版编目（CIP）数据

态度决定一切：图解导读版 /（美）凯斯·哈瑞尔
著；李胜利译. -- 4版. -- 北京：中华工商联合出版
社，2018.12
书名原文：Attitude is everything
ISBN 978-7-5158-2183-2

Ⅰ.①态… Ⅱ.①凯…②李… Ⅲ.①成功心理一通
俗读物 Ⅳ.①B848.4-49

中国版本图书馆CIP数据核字（2018）第 267188 号

ATTITUDE IS EVERYTHING: 10 LIFE-CHANGING STEPS TO TURNING ATTITUDE INTO ACTION
Revised Edition © 2000, 2003, 2005 by Keith Harrell.
Simplified Chinese Translation Copyright © 2008 by China Industry & Commerce Associated Press.
All right reserved. Published by arrangement with HarperBusiness, an imprint of HarperCollins
Publishers, 10 East 53rd Street. New York, New 10022.
ISBN 0-06-079507-7
ISBN 0-06-077972-1 (pbk.)
本书由美国哈珀·柯林斯出版集团授权中华工商联合出版社以中文简体字版出版发行。

北京市版权局著作权合同登记号：图字01-2015-4373号

态度决定一切（图解导读版）

Attitude Is Everything

作　　者：【美】凯斯·哈瑞尔
译　　者：李胜利
责任编辑：李　瑛　袁一鸣
封面设计：周　源
责任审读：李　征
责任印制：迈致红
出版发行：中华工商联合出版社有限责任公司
印　　刷：唐山富达印务有限公司
版　　次：2019年9月第4版
印　　次：2022年2月第2次印刷
开　　本：800mm×1230mm　1/16
字　　数：260千字
印　　张：19
书　　号：ISBN 978-7-5158-2183-2
定　　价：45.00元

服务热线：010-58301130
销售热线：010-58302813
地址邮编：北京市西城区西环广场A座
　　　　　19-20层，100044
http://www.chgslcbs.cn
E-mail: cicap1202@sina.com(营销中心)
E-mail: gslzbs@sina.com(总编室)

工商联版图书
版权所有　侵权必究

凡本社图书出现印装质问
题，请与印务部联系。
联系电话：010-58302915

推荐序

吉姆·罗恩（Jim Rohn）

* * *

我特别庆幸这四十多年来有机会周游世界，向人们宣讲如何成功地生活和工作，并亲眼目睹了无数男男女女下定决心、追求理想、努力进取，直到成功的奇妙经历。我想，人世间没有比实现理想更重要的事情了。

我一向坚信，如果想获得成功，努力提高内在修养要比一味努力工作更为重要。这就是说，如果你想在人生中更上一层楼，不要只是埋头努力工作——尽管这是应该的——而要关注自己的内心，只有这样，你才能变得更加完美，并为公司做出更大的贡献。每逢此时，那些能够提拔你的人就会注意到，你的能力和成就已经超越目前职位的要求，应该晋升了！

这正是凯斯·哈瑞尔这本了不起的著作要强调的重点：任何一个想提升人生质量的人，最重要的一点就是要具备积极的态度。你的态度在很大程度上决定了你将如何度过人生，决定了你的人生道路能走多远。

态度就像推动汽车前进的发动机。发动机保养得越好，汽车的奔跑性能就越好。你的人生也是如此。如果你能保持积极向上的态度——就像凯斯所说的那样："超棒"——你的人生将变得更加丰富多彩，飞黄腾达。

你会发现，你的人际关系扩展了、加深了。想一想，有谁愿意与态度消极的人来往呢？相比之下，乐观开朗、和颜悦色的人就像磁石一样具有吸引力，周围的人都会被他吸引过来。与和颜悦色的人相处，感觉会更好。

你的事业终将不断迈进。这方面的道理都是相同的：具有良好态度的人往往会发展得更好。当然，其中的道理又不尽相同：因为你还需要高超的才能。当老板或客户注视着你，并且从你身上看到了明显的积极态度的时候，他是会愿意提升你，或赋予你更多的业务或职责的。为什么？原因很简单，人们喜欢与态度积极的人打交道。

你的生活会更加舒适。当然，拥有更好的人脉，会让你在人生路上走得更远。当你拥有积极的态度时，你的人生前景会变得更加美好。与你一直生活在一起的那个人——就是你自己——将会比以往得到更多的内心平和与幸福愉悦。

所以，当你拿起这本书时，一段奇妙的历程就开始了，它可以极大地帮助你改善人际关系，提升你的工作能力和自我满足感。这不是令人惊讶的事吗？

当然，你还需要把《态度决定一切》中的理论付诸实践。仅仅阅读还远远不够，只有当你开始更新观念，并且将其付诸人生实践的时候，你的人生才会变得更加美好。

态度就是选择。每天醒来的时候，我们都要选择如何看待周围的世界，都要选择如何与周围的世界打交道。凯斯·哈瑞尔已经为你做出了努力，在书中为你勾勒出选择并活出"超棒"态度的路线图。好好阅读本书，把理论应用于实践，马上开始享受这段美妙的历程吧！

新版自序
态度100%地影响着你所做的每一件事

* * *

在向听众宣讲"态度的力量"二十多年之后，我深知积极的态度的确是无价之宝，是最可贵的财富之一。它在很大程度上决定着你人生的总体质量。

态度具有改变人生的力量，这是一个真理。《态度决定一切》这本书，就来源于我与大家共享这个真理的渴望。但是，有些人可能永远没有机会在公司代表大会或全国代表大会上亲耳聆听我的演讲。这本书初版于2000年，就像我们曾经知道的那样，进入21世纪以来这个世界发生了许许多多的大事，将给人们留下难以磨灭的印记。对我们许多人来说，"9·11"事件、大公司丑闻、经济低迷和恐怖主义的长期威胁，已经对我们的理想形成了冲击，导致我们对曾经非常拥护的社会制度的信心下降。

在这种不确定的大环境中，我比以往更加确定的是，人们需要通过积极的心态去了解如何掌控人生。只有带着积极的态度走向生活，才最有可能得到生活的回报，这并不是秘密。但是，当我们经历挫败、遭遇逆境的时候，这些秘密就会无端地从我们的身边溜走。

经常有人问我，一个人的态度能否逐渐培养或者事先调整好。答案是肯定的，毫无疑问，态度就是慢慢培养出来的。伟大的心理学家和哲学家威廉·詹姆斯（William James）说过："我这一代最伟大的发现就是，通过改变态度，可以改变人生。"我也可以说，我们这个时代最伟大的认识之一，就是每个人都有潜力去提升或改善他们的个人生活与职业生涯的质量。然而，他们必须首先愿意去获得相关技能，才能达到自我发现之境地，在那里，他们能够探索积极态度的力量。你或许无法改变身高和体形，但是可以改变你的态度。我们每个人都有能力去培养和保持为我所用的积极态度，提高我们的人生质量，完成我们的人生目标。态度是人生理想的昭示，而非既有成果的反映。改变你的态度，就可以改变你的人生。

不管你的年龄、地位、性别和收入如何，积极的态度都能在你和他人的人生中引发不可思议的变化。在本书的各章中，我将把必要的工具送给你，以便帮助你培养和保持积极的态度；书中所列举的把态度转化为行动的10个步骤，则聚焦于自我发展与个人成长的基本原则。像穿梭的红线一样贯穿这些步骤的主题就是：尝试反思并控制你的态度，你就能逐渐提高个人生活与职业生涯的质量。

当你迈开脚步为你的人生增光添彩的时候，请允许让《态度决定一切》成为你的一幅蓝图。把书中的基本原则应用于社会实践，为你提供循序渐进的详细指导，提升你个人生活与职业生涯的整体质量。

请记住，衡量财富的真正标准，既非金钱，亦非地位，而是精神。一切的成功首先是态度的成功。当你发现态度能够决定一切的时候，你就能够开始一段绝妙的人生旅程！祝你一路顺风！

新版前言
化态度为行动的10个步骤

* * *

《黄金演讲推荐：励志圈的态度之星》，这篇文章出现在《华尔街日报》头条。这篇文章报道的是我关于态度及其积极效果的演讲对全球数百家组织和数千名个人产生的影响。这个"黄金演讲"的主题概括起来就是"态度决定一切"。这篇报道证实了我已经认识到的一个真理：今天的人们，今天的组织，比过去更需要了解如何借助积极的态度来控制人生质量。每当人们提起这篇报道，我都谦虚以待，但这也更加提醒我思考态度的巨大影响力。态度是我们所做一切事情的基础与支柱，是我们掌控人生命运的关键因素。

多年以来，我参加过无数的研讨会，阅读过数百本相关书籍，听过一盘又一盘的录音带，就自我发展这个主题采访过许多成功人士。我从中发现，学会监察、控制并养成积极的人生态度，是每一个自我提升过程中的关键之处。事实上，你所能拥有的最宝贵财富，就是面向人生的积极态度！你对保持积极态度的认识固然重要，但更重要的是：你如何恰到好处地、持之以恒地把这种认识付诸行动。

当你和别人交往时，你的态度往往是他们最关注的方面之一。你可能无法改变自己的身高与体形，但是你可以改变你的态度。众多研究者相信，我也衷心认同，积极的态度是经训练而来的，由后天养成，与基因和遗传无关。最令人高兴的是，不良态度可以变好，而良好态度可以变得更好。

每个人都有选择积极态度、排斥消极态度的力量。如果你需要有益的态度来提升人生质量，实现梦想，你就得对态度有所了解。并且，你不能坐等积极态度来主动拜访你。在本书中，我将为你提供各种方法去调整和控制态度，即使是在最具挑战性的时刻，它们依然适用。

本书不仅为你讲述励志的理论，还为你提供循序渐进的行动步骤及大量参考案例，这些案例将告诉你别人——也包括我——如何因对态度负责而受益良多。当然，唯有把"态度决定一切"这个理论付诸行动，你对自己的投资才能获得收益。你会看到，不管你的年龄、地位、性别或物质生活如何，积极的态度都将给你带来难以置信的变化。

在下面的章节里，我将为你提供调整态度的各种方法，以及把态度转化为行动的10个步骤——每个步骤都聚焦于自我发展、个人成长的基本原则。像穿梭的红线一样贯穿这些步骤中的主题就是：尝试反思并控制你的态度，就可以在人生中引发不可思议的变化。

下面是对每一个步骤的简述，相信会帮助你培养出绝佳的态度。

步骤1：了解态度的威力

态度是你积极行动的有力工具，它自然地渗透于你的所作所为，是你生命中的无价之宝。幸运的是你不用花钱购买它，但必须去设法改善它。在第一章里，你将了解到什么是态度、态度的力量，以及态度如何反映出你自己。你会认识到，即便在最具挑战性的时刻，你仍可凭借四件应做之事来保持积极的心态，扼住命运的咽喉。

步骤2：选择掌控自己的生活

要将态度转化为行动，你一定要通过内心反省，为自己的心灵活动负责。

我们会在此看到选择的力量，看到你的选择如何决定你的快乐，左右你的成功。

我将为你提供一把控制心理反应的钥匙，以应对这个世界甩给你的任何事情，并告诉你如何去监控和管理态度。

步骤3：操练自我意识

借助锻炼"自我意识"，你会发现有三类不良态度——"万一将来"（What-If）、"但愿当初"（If-Only）、"如今怎么办"（What-Now）。认清态度是在扯你后腿还是促你前进，你会明白如何评估当前态度的性质。你会发现隐藏在不良态度中的深层原因，了解如何借助态度评估，把转折点变为学习点。

步骤4：重新打造你的态度

随着视野的转换，愤怒的态度可以转换为感恩与宽恕之心。你会发现，自我宽恕的力量可以让你宽恕别人。你还会学到如何根据"3P"属性——无休止的（permanent）、全面性的（pervasive）、针对自己的（personal）——的有无，来辨别并抛弃令你一蹶不振的不良态度。

步骤5：找出目标与激情

一旦发现了拖你后腿的原因，你就到了该确定自己到底想去何方的时候了。

各自不同的人生目标与人生激情对个人的成功至关重要。你会考虑哪些态度有助于设定人生目标，哪些态度反而能毁掉人生。最终，我会阐述如何针对私人生活和职业生涯制订行动策略。

步骤6：积极主动，未雨绸缪

在这个步骤中，你会了解到如何做好准备以应对可能的挑战。富于挑战性的环境威胁，可能令你产生负面态度，阻碍原计划的进行，把你甩出通向目标与理想的轨道。你会发现，即使拥有积极的态度、目标与激情，生活中也难逃挑战、失望、退步和难题。如果踏上未雨绸缪的人生路径，就可以更好地应对生活中的各种遭遇。

步骤7：探索自励的诀窍

态度百宝箱中包括种种工具：自我肯定、具象思维、态度谈话、积极问候、朝气蓬勃、精神激励、诙谐幽默、运动锻炼。利用这些工具，你会找到激励自我的诀窍。有了态度百宝箱，你就可以很好地武装自己，追求个人生活与职业生涯的成功。

步骤8：建立态度拉拉队

没有人能够在这个星球上永远离群索居，我们都需要互帮互助的人际关系以应对生活中的挑战。在这一章中，我会帮助你组建一支一流团队，他们会帮助你战胜负面态度，建立积极态度。要想组建一支这样的团队，你首先要展示出能够使别人支持你的态度。我会告诉你如何通过网络活动、理想分享、价值分享去建立长期的、有益的人际关系。面对那些竭力阻挠你成功的恶人，你也会学到最佳抵御之道。

步骤9：视改变为契机

变动——无论是工作上的、人际关系上的还是经济地位上的——是对积极态度的最大挑战之一。只要在面对变动时秉持无畏的态度，我们就会从中受益。

你还会了解到变动过程的特点，4种回应变动的途径，以及10个欣然接受变动的策略。

步骤10：留下永恒的精神财富

有时候我们会忘记，就培养健康的态度而言，我们能做的最伟大的事情，乃是投身于比我们自身更加伟大的事业中去。在步骤10中，你会了解到播种积极的种子——希望、鼓励、信仰、爱——所带来的益处。在这最后的步骤中，你会发现，通过打造无法抹去的印记，你可以留下一笔永恒的财富，你会逐渐超越自己，并在你的家庭、朋友和社会中产生影响。

如果你想拥有积极的态度，就需要全力以赴去钻研它。这本书是建立良好态度的指南。我会为你提供相关的信息和计划。不过，你需要努力将计划付诸行动。就你而言，尽管一定要有所付出，但我保证，你得到的回报也是惊人的。

我在书中安排的步骤并非都是那么容易操作，不过我已将它们拆解为小段文字，细分出行动步骤，尽量使你的目标易于达成。我在书中明确提出，即便是小小的心理调整，都可能大大改变你的思维、改变你的信仰，进而改变你的行动、改变你的人生。

请记住，这是一项投资！光明在前，出发吧！当你发现态度的力量时，我希望你能够开始一段绝妙的人生旅程！

Contents / 目录

第 一 章
态度决定一切

步骤1：了解态度的威力 深入了解态度的威力，是化态度为行动的首要任务。本书其他9个步骤都建立在这一关键步骤基础之上。态度至上，它影响着你做的每一件事。

ATTITUDE
IS EVERYTHING

态度决定一切

- ◆ 耳之门，眼之门，口之门
- ◆ 我的态度重塑故事
- ◆ 新态度，新计划
- ◆ IBM新兵训练营
- ◆ 适应新态度
- ◆ 调整态度，改变人生
- ◆ 态度影响我们所做的每一件事
- ◆ 态度反映了你自己
- ◆ 工作中的态度
- ◆ 居家的态度
- ◆ 化态度为行动

从记事起，父母、老师、教练和上司每年都耳提面命地向我灌输积极态度的重要意义。我不仅经常听到这些言论，而且也确实目睹了积极态度的强大力量。在高度成功的人士身上，我多次目睹了这个事实。这些成功故事的一部分还变成了媒体的头版头条。那些没有形成轰动新闻的故事，当然也会在周围人的生活中传扬。可以说，积极的态度是成功人生的基石。

正因为有如此鲜明的事例证明着积极态度的力量，我也把拥有自己的良好态度、帮助别人懂得态度决定一切，作为我毕生的事业。

有人质疑我的主张，告诉我态度只能对结果产生影响作用，但不能决定一切。当然，要想达到目标，还需要规划，需要勤劳。我相信，不管做什么，全力以赴都是绝对重要的。前进吧，发挥出你的最大潜力！

但是，你的能力有可能比你所认识到的更为强大，话又说回到态度上来，态度决定一切，因为态度渗透在每一件事中。它影响我们工作时的言行举止、人际关系，是我们建立幸福人生的基石。

既然态度是如此重要，我们最好弄懂它的意义。据《美国传统字典》的定义，态度是人面对某些事情的心理或情感状态。对我来说，态度可以用一个词来概括：人生。态度在人生中有不可思议的作用，它可能是积极行动的有力工具，也可能是削弱能力、压制潜力的致命毒药。态度如何，决定了究竟是你驾驭人生还是人生驾驭你，决定了你是大步向前还是背道而驰。

要想培养一种帮助你走向人生巅峰的态度，你必须首先懂得，心灵天生是态度的控制中心，态度只是内在心灵的外在反映。要改变你的态度，必须首先净化你的心灵。

✳ 耳之门，眼之门，口之门

世界上最好的计算机是人。我们的人生规划要通过我们的耳闻、目睹、口说来实现，能否控制好耳之门、眼之门、口之门，决定着人生规划的成功与失败。目睹之物直接进入内心，对我们的心灵状态、人生观念和人生态度不断产生着深刻的影响。同理，我们的耳闻之物，也具有把我们推上巅峰或抛下深渊的力量。而我们的口之门，也可以显示心与口的沟通情况。就像谚语所说，语言是打开心结的钥匙。语言对我们的态度影响很大。

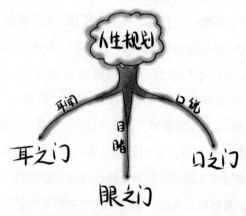

这些理念将在本书中得到全面展开。你将会看到，在你的一生中，任何进入心灵之物都可能重塑你的态度，强有力的转变能带来个人生活与职业生涯的双重丰收！

✳ 我的态度重塑故事

我自己的态度重塑故事，在我的生活中早已开始。

我的青少年时光全部用于追求一个梦想：成为一名职业篮球运动员。在高中时，我荣获了"全美明星球员"和本州冠军队"最有价值球员"的称号。我拿到了西雅图大学的奖学金，四年大学生活中有三年在担任篮球队队长。到大四时，我的场均得分都在16分以上。1979年6月，我盼望能进入NBA打球。这是我与每一个我认识的人的共同梦想。由于我在高中和大学的篮球生涯一直都很成功，我的家人、朋友、队友以及其他所有关注过我的人，都认为这是理所当然之事。

在NBA选秀日当天，我等了又等，等了又等……但电话始终未曾响起。我整个人都崩溃了。从小到大，我一直全身心地投入篮球运动，把前途押在成为NBA球员上，因此，让我放弃这个梦想简直太残酷了。当这个梦想破碎的时候，我产生了一种强烈的被欺骗的感觉。

在接下来的一天又一天、一周又一周之中，每当别人谈起我新秀选拔失败的事情，我都是心如刀绞。即使面对的是一个陌生人，如果他从我1米98的身高断定我肯定是个职业篮球队员时，我的心痛仍然丝毫不减。在很长一段时间内，我都在与痛苦抗争。最终，我下定决心让自己振作起来。我要找到一条出路，去接受这场人生巨变，专注于生活中积极的一面。我知道，内心要成长，就必须与生活共进退。

我以全新的态度，来回应人们针对我近2米的身高所产生的疑问。

不久前，在一次午宴上，邻座的一位女士与我发生了如下一段对话：

我的确恢复了积极的态度，努力改变了原来的观念，而这正是我将在本书中告诉你的关键内容之一。

NBA选秀的失利是我人生中最大的挫折之一，它使我脱离正常生活轨道达数月之久，让我心态大变。我相信，你可能也遭遇过类似的困境，并听任自己感情用事，脱离了生活的常轨。每个人都会遇到这种困境，心中往往产生消极的态度，但却忽视了它对我们的行为产生的影响。

当我落选NBA后，我感觉到生命弃我而去，万念俱灰。更糟的是，我根本没有计划过如何应对意外事件。所以，大学毕业后，迎接我的竟然是这样的现实："凯斯，欢迎来到现实世界！现在你准备怎么办？"

在我的家乡，我曾经是一个前途无量的运动员，从高中到大学，一直有很多人关注着我，似乎无论我走到哪里，他们都想知道我是怎样设计自己的生涯的。他们曾与我分担了失望与挫折，而这又进一步摧毁了我的自我价值感。我一直对做一名运动员充满信心，但突然间，我不知道我到底要做什么。

我终于决定，必须离开西雅图，因为我总觉得，在那里，似乎每个人都认识我，似乎每个人都知道我的失败。所以，我做了一件每个有血性的非洲裔美国男子在落魄潦倒、从零开始时都会做的事。

我去了阿拉斯加。

我有一个阿姨叫苏，她在安克雷奇工作，她的男朋友是一个油漆工，与埃尔门多夫（Elmendorf）空军基地签有工作合同。她愿意让我与她的男朋友一同工作。我的理想本来是进入NBA的新人训练营，但现在却变成了阿拉斯加的油漆工学徒。学徒就是学徒，除了幼儿园中的手指印，我从来没给任何东西上过油漆。我的工作表现非常差劲，他们不敢让我接手任何实质性的油漆工作，只是做些练习。我只是一个油漆工学徒，而且还是当时表现最差的学徒。如果说我来到阿拉斯加的目标是为了重树自尊，改善态度，那么，这个目标显然是无法实现的。我同样无法避开关于未来的种种问题。

有一天，油漆溅到了我的身上，就在这个时候，一位身穿工作服的长者带着关切的眼光走向我。

　　我需要有人把我狠狠地摇醒，而我的这位前球迷帮了我的大忙。他让我认识到，现在该是我重新振作的时候了！第二天，我去找这位油漆工，他还不知道到底发生了什么事情。我说："让我告诉你一些事儿，如果你一直在关注我，那么，请你继续关注我吧，因为我并未放弃我的生命，我只是在努力寻找我的下一场比赛！"

这位老兄帮了我一个天大的忙。他让我认识到，我的失败者态度正让我深深陷入泥淖之中，难以自拔。我登上了离开阿拉斯加的最近一班飞机，径直飞回西雅图。在路上，一个计划浮上我的心头，这虽然是一个很平常的计划，但总胜过在阿拉斯加做油漆工度过余生。

✳ 新态度，新计划

我的父亲曾是西雅图社区大学的教授，教过36年的商业与会计课程，他过去经常劝我主修商学或会计学，因为这可以帮我找到稳定的工作。回到家后，我的首要目标便是让父亲知道，我准备在商业领域一试身手。我决定去找一份工作，只要他愿意提供一个机会，我会尽可能地坚守这份工作，就像他一样。

我曾经对职业运动员的前途满怀信心，但现在已经化为泡影。这一次，我准备找个工作并一直坚持下去。为了做一个在挑战面前永不退缩的人，我把目光锁定于大企业中的龙头老大IBM——这是《财富》500强中的"蓝巨人"（Big Blue，IBM的昵称），这家公司一向声称他们从来不解雇有工作能力的人。

我的堂兄肯尼·劳姆巴德大学毕业后进入西雅图的IBM公司工作已经三年了，而且做得非常好，他也曾经在大学打过篮球。我特意去咨询他。

✳ IBM新兵训练营

"蓝巨人"IBM当时并不招收新人，但肯尼说我必须立即着手准备，当IBM开门招新的时候，我才能有备无患。他让我每周六上午到他家去，他会帮我做模拟面试和相关培训。我知道，他不会拿培训开玩笑。

你可能会以为，如果是你的堂兄，他肯定会对你手下留情，我的堂兄肯尼可不是这样，我是在严格的要求中开始学习的。我第一次到他家的时候，一切都还没有开始，他就把我轰回了家，理由很简单：着装不当——我穿着一身可以跳迪斯科的套装，衬衫也不合适，脚上的蓝色羊皮鞋更是离谱。

这是我第一次因着装不当而被从亲戚家里轰出来，我知道我应该怎么做了，我非常感谢肯尼的直言不讳。我成了肯尼的一个"工作项目"，在接下来的几周中，他依旧对我严格要求。他教我如何保持得体的商业态度，如何运用我的语言与沟通技巧进行工作，他还要求我杜绝街谈巷语："凯斯，与IBM客户交谈的方式，与你跟加油站的哥们儿交谈的方式大不相同！"

肯尼还训练我的姿势体态、演说技巧。愿上帝保佑我的堂兄，他非常认真地让我做着各种准备。他还给我讲IBM的历史，讲IBM作为工商管理界高管杰出培训集团的声望，讲IBM创始人托马斯·沃特森诠释出的三个基本理念：尊重个人、服务客户、追求卓越。

一旦我对IBM的经营理念有不清楚的地方，肯尼都会用我比较容易理解的语言加以解释，比如利用与篮球有关的类比。在模拟面试中，他还教我认识自己的不足，发挥自己的优势。由于没有学过商学专业，也

没有为大公司工作过，所以我的工作阅历与知识积累都比较欠缺，但做过篮球队长的经历已经让我懂得了什么是合作、竞争与领导。

✳ 适应新态度

我有一种天性，一旦认准目标，就非常执著。肯尼督促我把所有的精力都集中在如何进入IBM上，而其他人却以为我有点疯了。

我的母亲催促我："谁都知道IBM现在不招人，你这是在浪费时间！找个别的工作吧！"

我的朋友挖苦我："看看，肯尼是让你每周六一大早就穿戴整齐地到他家去，扮演IBM应聘者的角色吧？一定要抓住机会呀，哥们儿！"

但是，他们都无法动摇我。这一次，我已经树立起永不放弃的态度。我相信我肯定会被"蓝巨人"IBM录用，因为失败不是我的选择。我坚持在预定的道路上前行，关注明天的可能性而非当下的现实性。

有一天，肯尼带了一位朋友过来，他是IBM一位地区经理的助理，他对我进行了模拟面试。面试之后，他说他非常欣赏我的积极自信的态度，然后对我的面试做了一些指正，并告诉我两周后他会再次与我见面，看我是否会有所提高。

✳ 调整态度，改变人生

我对受聘于IBM越来越狂热，就像我当年为打篮球而做准备一样——我曾经抱着篮球睡觉，我曾经把右手绑在背后练习左手。当那位IBM的助理回来时，我已经在精神上进入"蓝巨人"的区域了。

我接下他提出的所有问题并一一作答。我的堂兄已经一遍又一遍地训练过我，我的自我训练要更多一些，我已成竹在胸。在第二次的模拟面试结束时，这位助理宣布说，我已经为未来的正式面试做好准备了！他告诉我，尽管IBM仍未招新人，但他可以安排我在一周之内做一次"礼节性"的拜访。

这次拜会的对象是IBM的销售部门经理考尔比·塞勒斯，他是前海军陆战队队员，从他那训练有素的军人风度，你还真看不出来他是否已经离开新兵训练营。

无论塞勒斯先生从我的履历中挑出什么潜在的弱点，我都设法把它转换成可为公司做贡献的实力。不过，真正打动这位经理先生的，是我对一个关键问题的回答——这是一个在IBM的面试中必问的问题。要知道，IBM可是一个杰出推销员辈出的公司，并且它最初是由一个传奇性的推销员所创立的。

这位前海军陆战队队员被我彻底说服了，我攻下了这个"山头"。

这次"礼节性"的拜访把我带进了IBM的大门。当IBM正式招新的时候，我轻松地通过了六轮筛选，我知道，接下来的事情就是某天上午有人给我打电话："祝贺您，请您于10月17日到IBM报到，开始工作。"

我的堂兄肯尼教给我很多东西，但我学到的最重要的内容就是：态度决定一切。多亏我决心树立更为积极的态度，这才抚平了我因NBA选秀失败而带来的失望与创伤。无论是去阿拉斯加被人质问人生目标，还是在西雅图被肯尼教导、被IBM录用，这一切都可归功于我的积极态度，并把态度转化为行动。

✳ 态度影响我们所做的每一件事

当你再次面对艰难的挑战时，要努力保持积极的态度。记住，你经历的挫败，可以转化为更大的机遇。要洞悉态度的力量，通过与自己天赋能力的对弈，保持人生比赛的正常进行，避免被淘汰出局。

宾夕法尼亚大学著名心理学家马丁·塞利格曼的研究显示，对于资质相近的人来说，乐观者（态度积极者）显然要比悲观者（态度消极者）更易成功。

他的研究还揭示，消极态度可以转化为积极态度。每个人都可以选择改变我们的基本态度。大部分人为保持身体健康，每年会做1～2次的体检。我们还会定期做汽车检查，以确保出行顺畅。然而，令人惋惜的是，几乎无人关心对态度的检查，但事实上，它直接影响到我们的心理健康。

你最近一次"检查"你的态度是什么时候？你如果还没有从生活中得到你想要的东西，如果别人对你的态度还不是很友好，你是否该做一次态度检查？

塞利格曼的研究显示，我们的态度，不管是积极的还是消极的，都会影响到目标的达成。在他的名著《乐观是学习得来的》（*Learned Optimism*）一书中，有证据表明，乐观的保险业务员往往比悲观的同事能卖出更多的保单，悲观者往往将推销失败的责任归于自己，进而导致自信的下降和保单销量的下降。与此不同的是，乐观者拒绝自我否定，他们努力了解那些潜在客户不愿购买自己保单的逻辑原因，结果不仅比悲观者多卖出37%的保单，而且能更长久地保住工作。

拥有积极态度的人往往身心更为健康。当积极的观念主导了你的心灵时，你的身体也会做出相应的反应。如果你难以接受这样的观念，我觉得你应该脸红。当我们遭遇尴尬时，我们不是会脸红吗？这难道不是我们心理状态的生理反应吗？要知道，我们并未努力把血液赶到脸上逼自己脸红，只是我们的思想引发了这样的反应。如果身体确实能对某些思想有所反应，那么，相信积极的思想会对身体有所助益，这难道不是一种信念的提升吗？

研究人员已经证明，一个简单的微笑就会让大脑释放出令人愉快的化学物质，最近几年堆积如山的研究资料还证明，积极的思想有助于恢复身体健康。英国的研究人员收集的证据也表明，消极情绪与疾病之间存在某种必然联系。

《星期六评论》的编辑诺尔曼·考辛斯患有强直性脊椎炎，这是一种与结缔组织有关的退行性疾病，威胁到考辛斯的生命。当传统疗法失败之后，他给自己开出了一个不同寻常的处方：笑。他结账出院，走入一个酒店，把自己淹没在经典的电影闹剧、趣味书籍、音乐唱片之中。当他有意去除自己的消极态度并追求快乐时，他的痛苦减轻了，健康恢复了！30分钟的笑声可以带给他两个小时没有痛苦的睡眠，而这种效果是药物所未能达到的。在1979年出版的《疾病的剖析》一书中，考辛斯讲述了他那令人震惊的6个月完全恢复过程。

你可能熟悉西弗吉尼亚的儿科医生亨特·派奇·亚当斯的故事。他在巡诊时穿小丑服装，安橡皮鼻子，等等。他曾经被罗宾·威廉姆斯在电影中演绎过，他的医疗方法曾经流传到世界各地。亚当斯医生说，这些方法是有效的，因为"快乐比任何其他药物都更重要"。

雷蒙德·穆迪博士，畅销书《生生不息》（*Life After Life*）的作者，还写过一本关于幽默疗法的书《笑口常开》（*Laugh After Laugh*）。他告诉我们，他曾经跟随罗纳德·麦当劳去访问过一所儿童医院，当小病人们的精神之灯被麦当劳的访问所点燃时，令人惊异的身体好转现象就会出现在部分病人的身上。

内啡肽是身体中的天然止痛药。根据芝加哥大学沃伦·弗莱博士的研究，笑可以产生与内啡肽类似的效果，减轻我们身体的痛苦。一些研究成果表明，笑可以提高T细胞抗感染的水平，可以提高γ干扰素蛋白抗疾病的水平，可以提高B细胞产生抗体的水平。由于笑可以增强呼吸能力、氧气使用效率和心跳次数，临时刺激循环系统，促使淋巴液周流到患病区域，降低血压，所以说："喜乐之心，乃是良药。"

积极的观念在工作和人际关系上的作用已经得到科学的证明，其中有充分的理由让你培养并保持积极的态度。这些常识性策略，有助于培养你的积极态度。当你消除了心理压力和负面态度时，你就可以开始享受更加积极的自我感觉，因此，这些策略是有效的，是帮助你把态度转化为行动的第一步。

✦ 态度反映了你自己

尽管每个人都有自己的态度，但并非每个人都有相同的态度。有些人的态度推动他们前进，帮助他们应对挑战、克服障碍，进而达成目标；有些人的态度则像一只铁锚，反而减慢他们的前进步伐，甚至令其完全停滞不前。看看你认识的人吧，他们经常能够以不同的态度区分开来：

> 乔治乐观进取，一向出类拔萃。
> 莎拉笑对一切，为何总能如此？

你难道不希望你的周围都是乔治和莎拉这样的人吗？你肯定希望他们在工作中是你的同事，在家庭中是你的朋友。

下面这些人则以其消极态度而闻名：

你认识艾伦，

即使没有问题，她也能制造问题。

我认识汉克，

他很能干，但他什么都想干，结果却一事无成。

我曾与弗瑞德共进午餐，

他一直抱怨没有碰到过一件好事。

我敢肯定你也曾遇到过这样的人。由于态度消极，他们似乎总觉得生活的乌云笼罩在头顶，我们一般也不愿与这些人打交道。

态度积极的人，每天早上都会掀开被子，跳下床，打开窗户，深呼吸，然后大声赞美。

态度消极的人，每天早上只能勉强地从床上爬起来，望着窗外，然后开始感叹。

当然，态度的积极与消极无法截然两分。即便是极度的乐天派，也会有不如意的时候；即便是最阴郁的悲观者，也会有快乐的时候。我们的态度，日复一日地受到周围环境的影响。当不如意的事情发生时，只有我们掌握了控制人生态度、保持积极心态的方法，才能不让外界因素严重影响我们的内心。

萧伯纳说过："人们总是把成败归因于环境，事实上，功成名就者总是努力寻求他们需要的环境，如果找不到，他们就创造它。"

如果你看看周围的人，就能发现许许多多与环境不协调的例子。有个星期天，在教堂里，我突然听到身后传来了美妙的女高音，她的歌声是如此地令人愉悦，我忍不住想看看歌唱者到底是谁。回首望去，唱歌的竟然是一位坐在轮椅上的中年女士，她的右手被固定在轮椅上，左手放在一个带控制杆的小平台上，以便控制轮椅。赞美诗放在她的膝盖上，以便她边看边唱。显然，除了左手手指可以活动外，这位女士的四肢已经瘫痪，然而，她的脸上却绽放着笑容，流露出发自内心的快乐。

你所经历的一切不会永远伴随着你。即便是再糟糕不过的环境，都可以转化为实现目标的基石。身处困境者，到底会暴露出自己最差的一面，还是会激发出自己最好的一面，都取决于我们所选择的态度。

✳ 工作中的态度

不久之前，我在一家有二十多名服务员的餐厅吃午饭。一名相貌英俊的男服务员为我服务，麻利地点好了菜，这时我注意到邻桌有一位年轻的女服务员，看起来活力十足，殷勤有礼，笑容灿烂，性格温和。让我印象最深的是，只要吃完饭的客人离开她负责的餐桌，她就立刻动手把餐桌收拾干净。而其他的服务员只是站着聊天，等着让忙碌的助手去收拾。

这些服务员都在做他们分内的工作，但在我看来，这位女服务员做得更多。她与众不同的态度非常重要，由于入座更快，享受她服务的客人看起来心情更加愉快。她的高效也让老板受惠。她不仅将好的影响带给周围的人，而且对自己也有好处：她全力投入工作并迅速清理自己负责的餐桌，就可以为更多的客人提供服务，得到更多的小费。

这看起来只是小事一桩，但多年下来，我已经形成了一种对积极态度的高度敏感力。我目睹过许许多多的例子，其中积极的态度对职业生涯的成功都发挥了巨大的作用。作为一名职业的演说者和培训师，我的主要工作是为大公司服务，应邀为公司的销售人员、管理人员或办公室人员发表演讲。因此，我经常收到一些定期读物，内容涉及美国企业的一般现状和工作情形。

最近几年，我从邀请函的语气中感觉到了一些变化。过去，企业的邀请电话一般是这样说的："凯斯，我们正准备走向破纪录的一年，我特别希望我的员工们士气高涨，我希望您能帮助我们把员工的士气再提升一个级别。"

如今，邀请函的语气一般是这样："凯斯，由于不同文化的融合，我们面临很多挑战，我们的员工对前途比对工作更加关心，坦白说，我必须做些工作，你能为我们提供哪些帮助呢？"

工作的场所已经发生了戏剧性的变化。很长时间以来，公司不是裁员、瘦身、合并，就是被收购。甚至连那些本以为能稳稳当当干到退休的白领专业人员，现在也有充分的理由感觉到工作中危机四伏。工作的世界不再稳定，在迅速变革的环境下，连工作经验丰富的人也面临失去工作的危险，这使那些有工作的人也好像被狂吠的狗追咬一样，变得心慌意乱，经常担心他们可能随后就下岗。

如果你让环境牵着鼻子走，面对这样的处境，确实容易让人自我否定，进而态度消极。走进任何一家企业，你都会发现，既有对未来充满恐惧的人，也有对未来激动万分的人，事实上他们的处境完全一样。每个人都可能面临失业的困境，但有些人把它视为挫败或死胡同，有些人则把它视为机遇。

好好读读下面有关查理的故事吧，他在电脑行业工作，我将把他的故事详细地讲给大家听：

> 由于态度不好，我被公司解雇了。我的老板告诉我，我的工作表现很好，但是我的消极态度令他和部门里的同事们感到难以忍受。被解雇后的好几个星期里，我一边找工作，

一边思考老板的这番话。我的不良态度没有为我带来任何好处。我做了我应该做的工作，而且做得和其他同事一样好，但是我不仅没有得到承认，反而被炒了鱿鱼。显而易见，我需要改变我的态度。

我暗下决心，在下一份工作中，无论发生什么事情，我都要保持积极的态度，做好自己的工作。我不能让我的态度再成为工作稳定与晋升的障碍。上班后的第二周，新公司又开始裁员，同事们谈论的唯一话题就是谁会成为下一个倒霉鬼。在这种时候，要想保持积极的态度是有些困难的。有天晚上，我坐下来写下了这么几条实际情况：

1.我有一份儿工作，即使我再次被解雇，也不会比三周前更糟糕。

2.我正在学习新技能，所以我现在的处境要比三周前更好。

3.如果我努力掌握了新技能，我对于当前公司或其他公司将更有价值。

4.坐在那里干着急，对我、对公司或对任何人都没有帮助。

从那之后，我的计划明确了。我每周有好几个晚上练习编程，每天带着微笑上班，尽力做好我的本职工作。然后，公司又一次裁员，连老总都丢了饭碗。新老总上任后，宣布要缩减开支，把公司迁往加州，这引发了更多的谣言与恐惧。

公司搬迁之前，我在另外一家公司找到了一份工作，薪水还增加了20%。我晚上的学习得到了回报。原来的公司搬到了加州，但新任老总又被解雇了。我不知道他们现在情况如何，但我已经有了一份更好的工作。

这一次，我的态度奏效了。如果我原来的态度不加改变，我有可能成为第一批被炒掉的人，而且还不知道该如何应对这样的状况。因为有了新的态度，我才能应对各种挑战。控制态度不仅帮助我保住了饭碗，而且帮助我找到了一个更好的工作，我成了积极态度的忠实信徒。

在职场中，如何应对消极态度是企业、管理人员和员工们所面临的最大挑战之一。态度消极者与态度积极者对他人的影响力都一样，只是结果不同而已。在职场中，态度积极者有助于加强团队的沟通与协调能力，保持士气，提高生产力。与此相反，态度消极者则让团队产生矛盾，压力加剧，生产力降低。

在职场中，赢家与输家的界定往往取决于态度。业绩好的推销员，懂得鼓励部下的经理人，以及令人尊敬的制造业高管们，都是积极态度的受惠者。我的许多客户，如今都有这样的看法：用人看态度，技能靠培训。

西南航空公司在整个20世纪90年代都是美国最著名的航空公司。即使在"9·11"事件之后，其他航空公司举步维艰时，西南航空依然坚如磐石。究竟是什么原因使西南航空取得了如此成就呢？良好的态度在其中起到了什么作用呢？

西南航空的人事总监乔西·考门乃瑞斯接受《快速公司》（*Fast Company*）杂志的采访时说，他录用空姐时，并不看重有无特定的技能或经验，他看中的是应聘者能否像杂志中所描述的那样，巧妙地融活力、幽默、团结、自信为一体，只有这样，才能适合西南航空顾客至上、卓尔不群的著名企业文化。

对西南航空来说，每次招新的时候，收到30倍于拟招聘人数的申请是司空见惯的。西南航空负责招聘的人员必须从中挑选出"精英"分子，他们寻找人才的标准是什么呢？答案就是：积极的态度！

✳ 居家的态度

我不记得小时候是否怀疑过未来能否成功。唯一的问题是，如果想成功，我必须做什么。那是我父母赐给我的最宝贵的礼物，他们的言传身教帮助我培养起积极的人生态度。

某些人会有这样的想法：既然在外边已经忍气吞声做好人一整天了，到家里就可以发点脾气。比如，一位下班回家的职业妇女宣称自己已经笑累了，一位父亲到家后把自己上一天班积压的怨气都借机发泄出来。他们或许会分辩说，要是在家里都不能做真实的自己，还有什么地方可以呢？

我认为：如果你真是这样的一个人，那么你需要调整自己的态度。在家里保持积极的态度可能比在其他任何地方都更重要。作为两口子或父母亲，我们至关重要的作用之一，就是让我们所爱的人感觉良好，这意味着，我们必须抽出时间与家人积极相处。

看看这样一个故事吧。

一位父亲让5岁的儿子帮自己为卡车换油。想象一下这位父亲，把头深深地埋在机器中，让他还在上幼儿园的儿子给他递上扳手。再想象一下小家伙，先是在工具箱里翻找，然后举起一个螺丝刀，问爸爸："是这个吗？"当然，如果没有孩子在这里搅和，爸爸可以更快更容易地完成工作，但如果是这样的话，一个机会就白白浪费掉了！通过每天在一起工作，父亲和儿子可以互相了解，互相理解，从父亲提供的活生生的例子中，儿子可以学会生活技巧和人生态度，而这些生活技巧和人生态度将伴随他的一生。

如果父亲或母亲每天都抱着消极的态度，家里的孩子们极有可能埋怨家长，或者对他们报以同样的消极态度。

稍后我会告诉你，我母亲的积极态度如何帮助我保持自信，甚至当我在幼儿园面临可能受到的心理创伤的时候，也是如此。她传播积极态度的能力，是我获得自信与乐观的基础。我们都有选择的机会，我们可以专注于问题，也可以专注于问题的解决。我的信仰是：采取积极的态度。

你的配偶可能不理解你，你的孩子可能不听从你，你的父母可能不同意你，这都是具有挑战性的处境。但是，如果拥有一个积极的态度，你就能更加有效地与他们相处。你会发现，一旦你的态度有所改善，你的处境也会随之改善。

✳ 化态度为行动

改善态度并无必要做出180度的大转弯。大多数人的态度不能一直都是100％的积极或消极，即使是最积极的人也有情绪的低谷，即使是最消极的人也有阳光灿烂的时候。如果你不能摆脱阴郁的心情，那你就是在自讨苦吃，除非你能开始调整自己的态度。你可以通过运动来锻炼强健的体魄，那需要付出辛苦和努力。你也可以通过心智方面的锻炼来培养积极的态度，这同样需要付出辛苦和努力。你做好改善态度的准备了吗？让我们看一下你必须学着去做的四件事情。

1.专心应对压力

感受到的压力越小，就越有精力去锻炼积极思考的力量。尽管消除

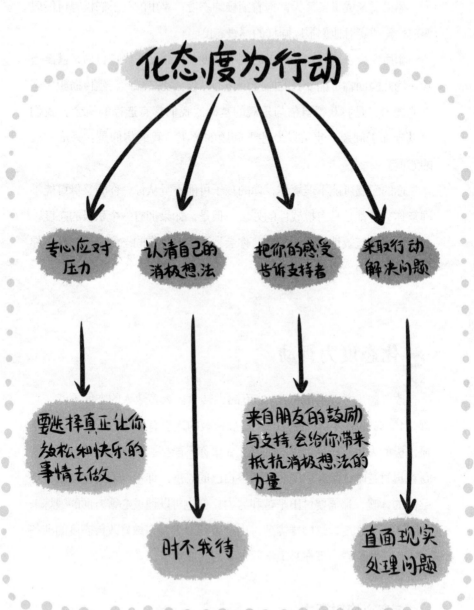

生活中的所有压力是一件不可能达成的目标，但你仍然可以通过更为平衡的生活来提升自己的活力水平。如果你的工作充满压力，要设法去平衡工作与休闲的时间。而某些人可能需要在工作上投入较多的时间，以维持这一平衡，因此，适当的平衡依赖于个人需求，不要轻易套用他人的模式。有些人的休闲时间可能用来读书或看电视，另一些人则可能做针线活、修指甲、钓鱼、盖小木屋，或者慢跑10英里。唯一重要的是，要选择真正让你放松和快乐的事情。

如果你面临特殊的挑战，无论是看护年迈的父母，变成单亲父母，或者只是觉得孤独寂寞，不妨去寻找一下志同道合的团体，或者加入兴趣俱乐部（比如摄影、远足）、健身中心，找一些愿意接纳你、认可你，可以与你交流感情的人。

2.认清自己的负面/消极想法

我永远无法完成这项计划。我做得还不够好，因此无法要求晋升。一旦有这种悲观的想法冒出来，就要马上用下列事实来反驳：时间有限。我需要复印整理材料，如果我开口求助的话，珍妮会帮助我。如果进度落后，而我们又需要更多的帮助，我可以找琼斯先生……他们要求有5年的管理经验，而我只有3年半，不过，我的学历和电脑知识超出他们的要求。我将会成功！

不要停止对负面想法的反击，你越是用事实和理性与其作战，就越能会聚起积极的力量。你最好让这个过程变成自然而然的习惯（第三章有更多的讨论）。

3.把你的感受告诉支持者

将感受闷在心里只会更加痛苦，你也可能会离群索居。许多研究显示，离群索居严重危害身体健康。如果你想申请某个职位，但又摆脱不了自我怀疑，最好去找一个可以依赖的朋友分担心事。来自朋友的鼓励与支持，会给你带来抵抗消极想法的支援力量。

4.采取行动解决问题

如果你因与同事冲突而深感压力重重，那么，请直面现实，处理问题："我知道，我们对如何完成计划有不同意见，不过，你愿意和我一起解决这个问题吗？"如果某个朋友的言行伤害了你的感情，你也要告诉他。

态度影响你做的每一件事，包括私人的和工作上的。通过一个小测验检查一下你的态度吧。记住，你的态度反映出的是你自己。与其抱怨，不如去解决问题，这样可以让你更加快速有效地释放压力。即使你没有真正地解决问题，哪怕试着去解决问题本身，也比试图忽略它更能减轻压力。

态度调节表

- 你个人对态度的定义是什么？

- 你的人生态度是什么？

- 无论人生如何起伏升降，都要与你的天赋（NBA）共舞。

- 你的态度如何反映出你自己？你是个说"早上好，新的一天"比说"我的天啊，又是早上了"多得多的人吗？

> ● 你是否对你交往的人产生了积极影响?
>
> ● 想想那些在你的人生中产生过正面影响与负面影响的人。
>
> ● 你的态度最近一次对你产生重要影响是什么时候?结果是好是坏?

不管这一生你都做了什么,只要你始终保持积极的态度,你将永远是100%的完美。根据我们的字母表,如果依次赋予每个字母1~26分的不同分值,态度(attitude)一词的字母总分正好是100分。

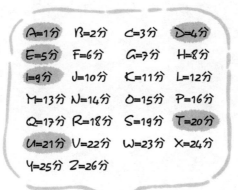

第 二 章
态度是一种选择

步骤2：选择掌控自己的生活　本步骤帮助你明确，今日的选择将影响明日的成功。始终把控制权掌握在自己手里，才是正确的态度选择。这是化态度为行动的第二步。

ATTITUDE
IS EVERYTHING

态度是一种选择

◆ 选择的力量

◆ 更坏或更好，全在你的选择

◆ 改变焦点，改变态度

◆ 快乐是要创造的

◆ 由内而外建立正确态度

◆ 快乐取决于选择

◆ 积极正面的态度是第一道，也是最后一道防线

◆ 选择一种乐观的态度

◆ 程式化你的态度

◆ 尝试使用终止负面态度的工具

◆ 强有力的积极内在对话

◆ 注意你的自我对话

我突然醒悟过来，时间不够了！我必须赶到机场坐飞机。我以75～80英里（约120～130公里）的时速向哈茨菲尔德国际机场快速驶去。我冲到换票柜台前，告诉值班人员我迟到了："快快，我必须得坐上飞往旧金山的航班，快告诉我登机门的号码！"

"你得从D大厅登机，只有15分钟了，"他说，"我想你可能赶不上这趟飞机了。"

我心里那个急呀！"再跟你说下去我可真的赶不上飞机了，能快点把票给我吗！"

此时此刻怎么办？我必须选择。每个人都经常需要在类似的处境下做出选择。有时候，有些人会告诉你不要做某某事，那是因为他们从来没有把这件事做完。但是"胜利"（triumph）这个词的神奇之处正在于它的第一个音节（try）：你得去尝试！

我攥紧机票开始奔跑。快速通过了安检。在哈茨菲尔德国际机场，一般人去登机大厅都会坐通勤车。我跑得这么快，根本不用坐什么通勤车。

我还边跑边告诉自己："快点跑，你不能错过这个航班，你一定要赶上。"我一路狂奔，即使登上电动扶梯也不敢停留。

终于，我赶到了登机口，发现飞机还静静地停在那儿，一位工作人员守候在门口。于是，有了下面一段对话：

当我正要离开时，另外一位貌似高级主管的先生从我身后走过来，并朝着职员柜台走去。他问道："请原谅，小姐，飞机能准时起飞吗？"她告诉他，因为机械故障，飞机将在两个小时后起飞。

他闻言愤怒起来："机械故障！你知道你在跟谁说话吗？我是一个飞过百万英里的空军上校。我认识你们的总裁。现在把你们主管找来，我要和她对话。"

一位身穿红色夹克的女主管出来了，这个家伙与她整整辩论了35分钟。

两个小时之后航班起飞了，没有一个人愿意坐在他的旁边。

其实，这个家伙也有其他的选择。他可以接受航班延误的事实，并在这段时间内做些有意义的事。

那天，我们对同一件事态度不同，行为自然也大相径庭。我不知道这个家伙事后是否因自己的愤怒而承担了严重后果，但我可以肯定的是，他没有得到任何积极的结果，因为他让环境控制了自己的态度，而不是让自己的态度适应环境。

当时，我盘算着有什么积极的事情可做，怎样才能扭转此时的处境？最终我走开了，先买了一些吃的东西，包括一份烤鸡三明治，一大杯橙汁。然后我进了书店，买了一本诺尔曼·文森特·皮尔的《热情造就一切》，在机场读完了第一章。然后，我又做了一件特别的事情。我相信，每逢不顺心的时候，最好走进内心，看看哪些小事可以让自己快乐起来。就我个人而言，我喜欢吃爆米花。如果你曾经在机场看见过我，你会经常发现我在找爆米花。这次，我又去买了一份。

然后，我又做了一件特别的事：给祖母打电话。祖母去世之前，每当我遇到不顺心的事儿需要振作的时候，我都会给祖母打电话。那天，在与祖母电话交谈了15分钟后，我忘掉了飞机延误的事，它简直不值一提。

如果你能将我回到登机口的情形变成视频，你会发现我是边笑边吹口哨。我已经吃了三明治和爆米花，喝了一大杯橙汁，读了一章很棒的书，还给祖母打了电话。当我回到登机口的时候，其他乘客们还在那里等待，有些人怒形于色。我绝对相信我的怒气早已烟消云散，但如果置身于这些怒气冲冲的乘客中间，过段时间，也许就会影响到我的好心态。

我环视四周，挑了一个座位坐下，旁边坐着的是一位男士。我若无其事地坐在那儿，边吃爆米花边想事情。邻座的男士有些惊奇地看着我。

✳ 选择的力量

　　对你来说，你会选择积极的态度，还是消极的态度？这看起来非常简单，不是吗？问题在于，我们经常忘了我们有选择的机会。选择是一把开启生命中伟大之门的万能钥匙，能锻炼你选择正确态度、应对人生挑战的力量。一生之中，我们要做出许许多多自觉或不自觉的决定：何时起床，穿什么，吃什么，去哪儿，何时回家，等等，其中大多数决定是不自觉地做出的。但是，你必须小心谨慎地选择你的态度，因为它决定着你会如何应对将来面临的很多挑战。

　　我的一位好朋友，15年来可以说一直在原地踏步，没有获得多少成功。当我与他谈到他为何不能达成预定目标的时候，他准确地找出了拖他后腿的原因："糟糕的选择，"他说，"我几乎没有做出任何选择。"

　　有时候，不做选择是最糟糕的选择。睿智地做出人生选择、自觉地选择适当的态度是至关重要的。人生的轨迹是由我们日复一日的选择所决定的。

　　下面的故事与我的一位朋友有关，讲述了选择在她人生中产生的力量。

　　那是我3岁时的事情。我们正在举家度假，我的父母和一位叔叔租住了湖上的一栋小木屋。那是一个美丽的夏日，太阳升起来了，一切都沐浴在阳光之中，光辉灿烂。我记得我坐在小船上，在湖上嬉笑玩闹。我没有亲眼看到意外发生，也记不起后来发生的事情，我只知道那一天，我失去了父亲。

　　我的母亲似乎一直未能从这次创伤中恢复过来。她开始喝酒以减轻痛苦，但没有什么作用。我9岁的时候，别人把我和两个姐姐从妈妈身边带走抚养。那以后好几年，我们不停地从一个家庭换到另一个家庭，有些家庭还口出恶言，虐待我们。直到有位年长的堂兄把我们接走，我们才摆脱寄人篱下的生活。刚进堂兄家时也非常艰难，堂嫂非常明确地表示，她不愿意承担抚养我们的责任。最后，我的两个姐姐回到了老家，而我继续由堂兄照顾。堂兄对我的爱，帮助我克服了恐惧和失望。

　　但是，我却做出了错误的选择。20岁的时候我结婚了，

23岁的时候生了一个女儿，但25岁的时候我就离婚了。3年后，我又失去了患乳腺癌的姨妈，她是我唯一可以视为母亲的人。她临终前的最后一句话，是告诉我她有多么爱我。我又一次做出了错误的选择：我成了一个重度酗酒者。一年之后，我才意识到，我和妈妈做出的是同样错误的选择。我不喜欢自己这副模样。我决心做出改变，立即开始人生恢复计划。

13年了，我从来不愿回顾过去。如今，女儿已经变成了美丽的女人。我也再次结婚，得到了额外的宝贵礼物：一个8岁的儿子，两个美丽的女儿，他们是我第二任丈夫的孩子。我在同一个公司已经稳定地工作22年了，我还回到学校重修学士学位，再有一年就该毕业了。

我的堂兄不仅教我如何克服障碍，而且告诉我爱的真谛。这都是态度和选择的力量。从中我学到了，我可以通过自己的选择控制我的追求和目标。我知道，在人生旅途中，障碍很多，但我只把它们视为需要克服的挑战，这样做是何等幸福啊！

在生活中，选择是做每一件事的起点。哈佛大学传奇的心理学家和哲学家威廉·詹姆斯说过，他那一代最重要的发现之一就是：改变我们的态度，就可以改变我们的人生。这是人人都能做出的选择。

✳ 更坏或更好，全在你的选择

我相信你一定注意到了，有些人看起来具有不可动摇的自信，有些人则从来不敢相信自己。自信的人也会受挫、犯错或者深陷困境，但他们始终坚信自己能经受住狂风暴雨，最终走向成功的顶峰。那些从来没有相信过自己的人，则永远找不到出路，他们看起来往往只是在随波逐流。

一位男士参加完我主持的研讨会后，走过来对我说："我知道改善态度很重要，但对我来说没有那么容易，因为我没有任何办法改善我的态度。"我想，恐怕这位男士忘记了，他与盆栽棕榈有一个最基本但却是最重要的区别，那就是他有选择的权利，而棕榈没有。他既可以选择一直沉溺于寒冷的泥潭之中，自伤自怜；也可以选择走出去，沐浴温暖的阳光。这就是选择，选择无处不在。

缺乏自信者与充满自信者的最大区别，在于他们对态度的理解不同。有些人知道他们可以控制自己的态度，有些人则任由态度控制自己。那些在生活中全力以赴的成功者，知道他们有选择态度的能力，就像他们有能力选择穿什么衣服、开什么汽车或者与谁共进晚餐一样。

受制于态度

受制于态度者缺乏克服困难的信心，也不了解自己的能力。一旦遇到困难的打击就会颓然倒下。他们一直处于消沉状态，旷日持久，直到不得不振作起来。有些人则终生一蹶不振。受制于态度者往往相信，他们不仅不能控制人生，而且命该如此。他们是天生的悲观主义者。

当坏事落到他们身上时（其实坏事会落到每个人身上），他们倾向于相信厄运会持续很长一段时间，这种倾向最终会毁了他们。他们还倾向于把挑战视为专门针对自己的特殊惩罚，因为他们过去曾有过错。他们对生活抱着宿命的态度，对他们而言，即便是顺心的日子，生活的祝福都只不过是厄运即将到来的先兆。对他们而言，所有的挫败都不会消失，所有的错误都是致命的，所有失去的机会永远都不会重现。一遇到挑战，他们就会反复声称自己被巨大的压力压垮了。他们夸大问题的严重性，贬抑自己应对问题的能力："这绝对是发生在我身上的最糟糕的事情了，我根本没办法解决。"

控制态度

选择控制态度者非常清楚，尽管他们无法控制环境，但能够控制自己如何应对环境。他们天生是乐观主义者，即使遭受沉重的打击，也只把挫折视为源自外界、确实无法控制的暂时困难。面对挑战时，他们往往专注于解决问题的办法，而不是问题本身。

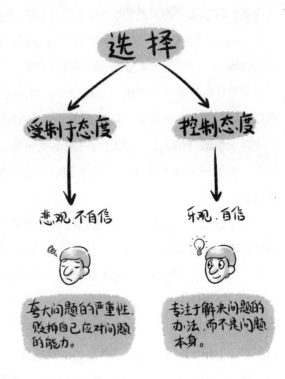

✳ 改变焦点，改变态度

作为职业自行车赛的世界冠军和美国冠军，兰斯·阿姆斯特朗25岁时就已经是世界体坛的一颗明星。然而，1996年，他患上了一种很特殊的致命癌症，癌细胞已经从他的睾丸扩散到胃部、肺部和大脑。医生说他只有50％的生存机会。但在接受密集化疗期间，他仍然在赛场上驰骋了一年多的时间。

换成无法控制自己态度的人，可能早已深陷沮丧与绝望之中，放弃了比赛。但兰斯·阿姆斯特朗却让世人和他的医生无比震惊，因为他不允许极端恶劣的境况把自己打败。在治疗期间，他重新骑上了自行车，坚持训练，有时候一天就要骑行50英里（约80公里）。

如果换成其他人，可能早已灰心、绝望、被彻底击倒，但兰斯·阿姆斯特朗面对致命的疾病，毅然选择了战斗到底的态度。事实上，选择与癌症勇敢战斗的人，最终仍然可能不敌病魔，但是，阿姆斯特朗却赢了，他的癌症完全消失了，其中原因何在，至今连他的医生也搞不清楚。

由于这是真人真事，而非虚构的影视作品，因此，兰斯·阿姆斯特朗还要继续面对各种挑战。这次危及生命的经历耗尽了他的精神。有一阵子，这位自行车冠军情绪非常消沉，他甚至拒绝骑自行车。有好几个星期，他更像一个什么都不在乎的小男孩，而不像是一个严肃的运动员。不过，随着一场事先答应参加的慈善竞赛的日渐临近，阿姆斯特朗再次展现出积极态度的威力，选择了面对挑战。

在好友的鼓励下，他重新跨上自行车，试图恢复体力，重拾对自行车竞赛的热爱。他对第二次的生命机会深怀感恩之心，在比赛中，他屡破纪录，就像他曾经战胜癌症一样，每项新纪录都使世人惊叹不已。1999年夏，他创造了一个新的世界纪录，赢得了堪称世界最艰辛赛事之一的环法2285英里自行车赛的冠军。

阿姆斯特朗一次又一次地打破世界纪录，不断震惊世界。2004年，他第六次赢得了环法自行车赛的冠军——在101年的环法比赛历史中他是第一人。就在8年前，医生断定他只有50%的生存概率，但对某些人来说，坏事可以变成好事。

阿姆斯特朗选择了一个能使他脱颖而出的态度。选择的力量是上天赐给我们的最伟大的礼物之一。不错，当阿姆斯特朗遭遇到生命中最为困难的考验时，他曾经短暂地与消极态度作战，他精疲力竭。但最终，他认识到他有能力选择更具建设性的态度，而且他也这样做了，这样做的结果就是，他在继续创造历史。

无论你是在事业中还是生活中面临挑战，都有必要保持运动员一样的心理素质，通过艰苦的锻炼克服所有困难。成功之后不要松懈，不要期望昔日的成绩能一直保证未来的成功。

要在生活中保持领先，就需要不断前进，但在成功时还需要后退一步，冷静地思考如何能做得更好。《圣经·箴言篇》说："聪明的人心得知识，智慧的人耳求知识。"当你拒绝安于现状，不断追求人生进步时，你将一直在商业竞争中处于领先地位，并在生活中留下积极的印记。

在最富挑战性的生活环境中，你不仅可以选择克服困难，而且还可以大放异彩。选择正确的态度让其实现吧！

✳ 快乐是要创造的

我们都渴望幸福和成就，不过，我们往往对生活要求太多。我们规定了严格的标准来衡量什么能使自己幸福。当这些标准不能满足时，我们有可能产生让事情变得更糟的态度。你可以问自己一个最基本也是最具启示性的问题：到底怎样做才能幸福？

你必须任何时候都幸福吗？

每个人都必须听你的指挥吗？

每项工作都必须一直做得完美无缺吗？

你必须比所有人挣钱更多吗？

你必须比所有人更有力量吗？

你所做的每件事都必须得到认同和回报吗？

你必须被你认识的人所爱吗？

如果答案是肯定的，那么，可以肯定的是，类似的态度会毁掉你的人际关系。我见过许许多多的失败案例，其中的主要原因就是当事人中的一方或双方对彼此要求太多。并非每个人始终都那么整洁、美丽、动人、可爱、有趣、温柔或完美无缺。生活不是一本浪漫小说，芭比和肯只是塑料娃娃，理查德·基尔和辛迪·克劳馥的离婚也证明了，依靠美貌、金钱、名声和魅力并不能保证完美的人际关系。

我们往往对爱、友谊和幸福要求太多。如果你能在小事中发现幸福，那么你就很容易幸福起来。如果你为幸福预定下难以达到的标准，那么你是不可能幸福起来的。

✳ 由内而外建立正确态度

真正的幸福最好从内心寻找，而不是简单地依赖他人或外在世界。可悲的现实是，过于依赖外在世界是很难幸福的。幸福的根源是快乐，而快乐存在于内心，不被外在事件所左右。

麦丽萨从事服装零售业。她总是心情很好，总有积极的话说。她是一位特别的经理，因为她总能感动员工和每一位走进店里的人。对她来说，从来没有坏日子或情绪不好的时候。麦丽萨总是告诫她的员工，任何情况下都要看到事物积极的一面。

每次走进服装店，我都能看到麦丽萨乐观热情的态度。顾客的怒气似乎永远影响不到她。她对每个人都是笑容满面，语气温柔。所以，有一天我走向麦丽萨，向她询问。

每天早上醒来后，我都会对自己说：
"麦丽萨，你有两个选择——你可以选
择快乐，也可以选择不快乐。"我总是
选择快乐。每当有事情发生时，我可以
选择做一个受害者，也可以选择从中学
习点什么。我总是选择学习。

我弄不明白，你的态度
不可能一直都这么积
极，你是怎么做到的？

每当有人走到我面前向我
抱怨时，我可以选择接受
抱怨，也可以选择肯定这
些抱怨中积极的一面。我
总是选择肯定积极面。

不可能这么容易做到。

是的，的确如此。

那次谈话过后几个月，我有事去麦丽萨服装店所在的商场。我在她的店面前停下，只想与她打个招呼，但没想到她不在店里。一名员工告诉我，她出车祸了，导致她内出血，肺穿孔，锁骨和腿都撞断了，差一点就没命了。

经过12小时的手术、数周的严密监护和数月的身体治疗后，麦丽萨重新回到了工作岗位。她回来后不久，我就见到了她，并且询问她大难不死之后有什么感受。

麦丽萨之所以能够幸存下来，不仅是因为医生的医术，更是因为她的信心与积极态度。麦丽萨的故事告诉我们，每天我们都有权选择如何度过人生。

✳ 快乐取决于选择

我们的生活质量取决于我们的选择：选择什么职业道路，选择什么伙伴，选择什么生活方式，等等。在上学的第一天，我学到了关于态度选择重要性的第一课。我现在是一名职业演讲者，但是在我童年的大半时间中，我却是一个口吃患者，这似乎是一件奇怪的事情。直到我该上学了，我都不认为这是个问题。我一直相信，随着年龄的增长，我口吃的毛病会自然消失。因为我有一位叔叔，小时候也口吃，长大之后就没事了，而且还成了一位受人尊敬的大学教授。我的母亲和祖母经常提醒我这件事，她们还善意地安慰我，我之所以口吃，完全是因为"我的脑子比我的嘴巴转得快"。

一直到我上幼儿园的第一天，我都不认为口吃有什么不好。我当时5岁了，能和其他那么多的小朋友们在一起，我非常高兴。我兴冲冲地在前排找到了标着我名字的座位。我的老师，皮特森女士是一位积极乐观、热情开朗、活力四射的人。她一开始就告诉我们，我们班会成为全校最好的班级。然后，她在教室里来回走动，询问每个人的名字，以便让大家互相认识。我是第一个被问到的，我激动得跳了起来，却由于太过激动而严重口吃起来。

我当然受到了伤害。我想找妈妈。我从未感受到那种痛苦。我不停地重复着那些否定的评价："你长得太高了。你不会说话。你不应该在这个班。"不管你是幼儿园的小孩儿，还是已就业的成年人，那种没有归属的感觉是很可怕的。你还记得《在幼儿园学到的我确需知道的一切》这本书吗？那简直就是为我写的。我从中学到了拒绝。我知道了别人会说伤害我的话。不过，我要感谢我的母亲，她让我知道，我也可以

选择不被伤害或排斥。

　　同学们的声音在我的脑海中变得越来越大。在后来的生活中，我知道最强大且最具破坏力的声音就来自我自己。当然，在我童年的这个案例中，道理也是如此。当老师和同学们继续着第一天的学校生活时，我却坐在那里不停地自言自语，我告诉自己，我不属于这个学校，我太高了，我还结巴，我想回家。第一节下课时，我彻底崩溃了，我逃离了学校。

我一口气从幼儿园跑回了2英里（约3.2公里）之外的家，在上学的第一天就逃学，可以说创造了一个世界纪录。谁知皮特森老师比我更快，当我跑到门口时，妈妈刚刚挂掉皮特森女士的电话。我一头扑进妈妈的怀里，妈妈给了我一个世界级的拥抱。那是生命的拥抱，至今我仍然能够清晰地感受得到。

我的妈妈成功地把我从同学们那儿听来的消极言论转化成了积极的正面信息。我之所以逃离学校，是因为我的内心不断地回荡着同学们的嘲笑声："你太高了，你说话结巴，你不属于这里。"我又回到了学校，内心的录音机上记录着妈妈说过的话，我知道我不是另类，我只是有些与众不同，我可以学会讲话，不再口吃，到时候别人会听懂的。

突然间，我觉得语言对我的伤害正离我而去。我正在面对一项挑战。不过，现实尚未改变，我仍然口吃，但我对自己语言障碍的理解有了改变。一个新的典范出现了，一个新的态度产生了，这种态度改变了一切，成为我对抗所有戏谑嘲笑的武器。

那时，我的母亲教导我，态度决定选择。当我告诉她我不想再去上学时，她明白我为什么会变得态度消极，并且愿意听我讲述那些令我恐惧与羞辱的痛苦。然后，她给我机会去选择一种新的态度："亲爱的，你有选择的机会。你可以接受这种令你深感羞辱与恐惧的态度，你也可以采取行动改变这一切；你可以成为受害者，也可以成为胜利者；你可以让生活控制你，你也可以控制生活。你有权选择！"

妈妈给我指出了一条超越恐惧与羞辱的道路。我们返回学校，弄明白了哪些事情我们必须去做。妈妈教给我洞察力，让我得到了鼓舞和启示。她告诉我，即使是一个缺乏安全感的小男孩，也有权选择更好的道路。

✳ 积极正面的态度是第一道，也是最后一道防线

我不能说一路走来，没有遇到过任何挫折。口吃是件非常痛苦的事情，孩子们的戏谑嘲笑是一点不留情面的。夜晚躺在床上，我告诉上帝

并询问他为什么把我造成口吃。口吃几乎影响到我生活的每个方面，在这种情况下，保持积极的态度是一种巨大的挑战。

我上了六年的口语矫正课，因此早已习惯于离开正常的课堂去其他地方开小灶。上小学时，老师会在黑板前面为有"特殊需要"的同学放上纸钟。当我需要上矫正课时，我就到教室前面取下纸钟，从后门悄悄走出去。对我来说，要想静悄悄地从后门溜走而不被注意到，是不太可能的，因为我总是班里最高的人，甚至许多老师都会抬头看我。有些小孩儿一看到我起身就开始嘲笑我："我——要——要——要——去——去——去——去……"

大多数时候，我不去理睬他们，只是将心思集中在如何说得更流利上，我决心纠正自己口吃的毛病。我一向恼恨被老师点名大声朗读课文，但是，当我的态度发生转变时，我决心把指定段落读完。其他同学总希望我第一个被点到，因为他们知道，一旦我站起来，任何人都不用再读课文了，我会花上20分钟苦读课文。等到我把课文读完，就该上数学课了。

我也有态度消极的时候。有时候，愤怒、拒绝、尴尬的情绪整天困扰着我，但是，我从未忘记在母亲的怀抱中和激励的话语中所得到的启示："你是个与众不同的人。你可以选择不受伤害，不用泄气。你可以选择积极的态度来战胜消极的态度。你可以赢得这个挑战。"

✳ 选择一种乐观的态度

我在西雅图长大，认识一对长得一模一样的双胞胎：赛尔摩和费尔摩。赛尔摩是个天生的乐观主义者，每晚睡觉时都会说："我等不到明天了，因为我一天比一天长得好看。"

相比之下，费尔摩是一个糊涂鬼、悲观者。他总是在寻找遮挡阳光的乌云，他甚至认为，他的名字本身——Fillmore，本意是"多装点儿"——就预示着他天生是个半吊子。

因为是一模一样的双胞胎，他们的父母越来越担心他们的个性差异，就带他们去看心理医生。心理医生建议，在孩子们的下一个生日晚会上，要设法平衡这对双胞胎的不同个性："让他们在不同的房间里拆开生日礼物，把你们能够买得起的最好礼物送给费尔摩，至于赛尔摩，送他一盒马粪就行。"

这对父母按照医生的指示行事，并认真观察结果。

这就是积极态度的力量！

"生活会给予乐观者和悲观者同样的挫折和悲剧，但是，乐观者的承受力更强，"心理学家马丁·塞利格曼说道，"就像我们所看到的，乐观者从挫折中复原，尽管此时生活可能有些困窘，但他能够振作起来并重新开始。悲观者则选择放弃，陷入沮丧之中。"

塞利格曼博士的研究还发现，通过练习与内心对话，我们可以有意识地把消极态度转化为积极态度："要成为一个乐观主义者，在经历个人挫折时，要学会一套与自己对话的技巧。"

我们都有选择的机会。我们可以选择有自我激励作用的内心对话，也可以选择自我否定、自伤自怜。这是我们都具备的一种力量。每个人都会遭遇艰难时世、心理伤害、悲伤绝望和身心痛苦，关键在于，我们要认识到重要的不是发生了什么事，而是如何应对这些事。

✳ 程式化你的态度

在第一章，我们曾经谈到，大脑就像一台电脑，有规划设计的功能。你可以选择安装效能不同的软件。你的内心对话就是你的态度设计软件，决定着你如何向世界展现自己。你可以控制这个设计的程序。不管你输入的是什么，都会在结果中反映出来。

成百上千的不同状况，每天都在影响着我们的态度，其中的大多数状况具备令我们积极或消极的潜能。潜意识心理从不休息，没有比它更为持久耐劳的了。无论它从别处，还是从你的内心对话中听到什么，它都会记录并保存下来。

多数人不加区分地允许大脑照搬别人的设计。电脑格言云："输入的是垃圾，储存的也是垃圾。"如果把它转用于我们的个人电脑——大脑——还可以改写为"输入的是垃圾，储存的也是垃圾"。大脑收到错误信息时，有可能把它视为真理。如今，许多人的行为方式都是在很小很小的时候就被存进大脑的，但大脑所记录的信息，有时是完全错误的，甚至是令人痛苦的。

✳ 尝试使用终止负面态度的工具

令人沮丧的是，我们会不断听到否定性的信息，但我们没必要把它原样记录在大脑中。为了与负面思想战斗，保障耳聪目明，我研究出一种可称之为"个人态度终止"的工具。

在某种程度上，我们可以操纵所听到的内容。但是，由于无法完全杜绝负面信息的流入，我们就必须保持警觉，以便及时清除进入内部的信息垃圾。我可以用某种方式移动我的身体，以提醒我改变思想。当我听到否定性的、非建设性的信息时，我会举手放在耳朵旁边，好像在说："与我的手交谈吧。"有时候我甚至真的与手聊天！或者把你的手伸开，告诉别人："你休想偷走我的快乐！"它甚至可以改变那些消极信息散发者的态度。

你终止态度的方法不必也是空中的一只手，比如，你可以随意地向下看，三思而后行。就我而言，在可能越发不愉快的环境中，我的态度终止方法总能产生积极的效果。

我通过一个朋友的朋友，花了大价钱，弄到了几张位于第四排中间位置的NBA决赛门票。一位男子走过来，逼视着我："朋友，快走吧，这都是我的座位！"我的第一反应是骂回去："滚！"但我没有这么喊，我想："无论如何我是不会放弃这些座位的，但是，如果搞得很难看，我们俩都会被赶出去。"

所以，我很认真地说："或许我看错票了。"我拿出我的票让他看，这样就可以比较一下。他的票确实也是4排的6号与8号，但是在101区——与我们所站的区域相对。"是的，我们的票号确实一样，但你在101区，在赛场的另一边。看来，我们的票都是这个赛场中最好的啊。"这位男子神态缓和下来，他不好意思地微笑着，喃喃地道歉，愉快地向正确的区域赶去。

如果按我最初的想法行动，这次经历可能会演变成彻头彻尾的灾难。我做了一次选择，选择控制我的情绪，保持友好的态度，目的就是我们都能欣赏到精彩的篮球比赛。不管别人是否以消极好斗的态度逼近你，不管你是否需要做出第一反应，主动权都在你自己的手里。事实上，采取态度终止的方法，可以在否定性的环境中奠定积极的基调，增

加你获得积极成果的机会。

✳ 强有力的积极内在对话

　　想想你栽培的一粒葵花子吧，那粒种子天生就要长成葵花，如果你试图让它长成南瓜或者玫瑰，趁早别想。它天生被定为长成葵花，这就是它的命运。很小很小的时候，我们有些人就被规划了某种特定的行为方式。也许你的部分规划告诉你，你不是很聪明，你会相信这种规划，行为上也会有相应的表现。你可能确实存在学习障碍，但也可能只是因为你的规划错误。毕竟，很多人都有学习障碍，挚爱的父母、热心的老师都曾经为他们作出规划，相信他们能够克服障碍……事实上他们也都做到了。

　　摆脱无助态度的关键，在于把否定性的内心对话从头脑中清除出去，并代之以生机勃勃的信息。通过改变和控制你的内心对话，你可以重塑你的观念。负面想法在你的心中搅扰得越久，形成心理定式和潜在破坏的可能性也越大。如果你不能正确地认识和对待它，就可能面临心理上的肺炎——抑郁症。

　　我们乐意认为，他人的言行容易左右我们的态度，事实上，对我们影响最为深远的，是我们对自己所说的话，这决定着我们如何表现自己。我上幼儿园的第一天就在教室里遭到同学们的取笑，他们的言语深深地打击并伤害了我。我接受了他们的评价，一遍又一遍地在心里重复，以至于我相信自己确实不属于那里。面对第一次选择机会，我逃回了家。但是，我的母亲用积极的评价和积极的思想，打消了我那些消极负面的观念，睿智地重塑了我的内心对话。

✳ 注意你的自我对话

你听到的最响亮且最有影响力的声音，是自己的心声，即你的"自我评价"。它能否为你效劳，全看你接受什么样的信息。它可以是悲观的，也可以是乐观的。它可以让你疲惫不堪，也可以让你心情振奋。当你自觉地对内心对话负责并加以控制的时候，你就同时控制了信息的传送者与接收者。

我第一次开发出个人强有力的积极内在对话，是在年少时的篮球练习场上。我把自己想象为我心目中的一位篮球英雄——杰玛尔·威尔克斯，一个为洛杉矶湖人队效力的NBA全明星球员。威尔克斯以"丝"（Silk）的名字闻名于世，因为他是一位性格温和、自制力很强的球员。他从未失控，从未发过脾气，是我崇拜的偶像。正因为如此，每当我训练或比赛的时候，我都会开始我的内心对话。"你也像丝一样柔韧"，我告诉自己。它是我控制情绪的一条途径。如果有某个家伙用手肘推我或者用身体撞我，我就会想起："柔韧如丝，谁也无法将我逐出赛场！"

事实证明这种内心对话相当有效。我开始称呼自己"柔韧如丝"，或干脆简称为"丝"，以便把它深深植入我的潜意识之中。很快，我的队友、球迷和体育记者们也开始使用这个名称。直到现在，我的母亲仍然叫我"丝"。

在赛场上，我一直借助这样的内心对话控制情绪。我控制自己的脾气，不让自己过于兴奋或激动。我控制自己的态度，这给了我更大的自信心。我高中时记忆最深的一次比赛，是全州联赛中的一场半决赛。我所在的加菲尔德高中校队创造了22连胜的纪录，比赛当天，《西雅图时报》的报道盛赞我们是"全州历史上最好的球队之一"。在与强敌塔科马市的林肯高中队交手之际，这样的赞美无疑是一项巨大的荣誉。

林肯高中队已经做好了和我们交手的准备。他们撕掉了关于我们的报道，他们的防守非常严密，进攻也非常出色。大部分时间里，我们都在打拉锯战，当比赛仅剩3分钟时，我们还落后7分。暂停期间，我看得出队友们相当灰心，几乎就要放弃了。

我们乐于让好名声和不败纪录进入大脑，却忘记了我们必须去继续赢得它。我们围成一圈，冒出了不少消极的话语，最后，我觉得够了："我们会赢的，"我告诉我的队友，"把球给我！"

是的，那是一个犹如好莱坞电影般的戏剧性时刻，我们反以7分优势赢得最后胜利，我也从中上了有关态度的重要性的又一课。我大声喊出的"我们会赢"的口号，改变了队友们的想法。当时他们已经丧失了斗志，但当我表现出并未丧失斗志的时候，他们又重新恢复了比赛的信心。这样看来，积极的内心对话同样也会将你重新送回比赛中来。

我们经常要为职业生涯和个人生活而奋斗。我们的对立面可以借助消极因素从外部发起一场进攻，或者影响我们的内心活动，以便让我们误入歧途。所幸我们具有控制自己生活的能力，如何选用这种控制力可以改变我们的人生方向：究竟向好的方面走，还是向坏的方面走。

态度调节表

你会做出什么样的积极选择以帮助你把态度转化为行动？

学习使用个人态度终止工具保护你的视听和态度。

你是一个被态度控制的人，还是一个控制态度的人？

快乐是你的幸福之源，不要让任何人偷走你的快乐。

用积极的内心对话规划你的态度，谨记：输入的是垃圾，储存的也是垃圾。

一个人拥有的最伟大力量，就是他有选择的权利。

——马丁·科赫

第 三 章
猎捕不良态度

步骤3：操练自我意识　在本步骤中，你会学到如何化转折点为学习点，以协助你化态度为行动。

猎捕不良态度

- ◆不良态度乃是沉重的精神包袱
- ◆良好的态度始于自我认识
- ◆化转折点为学习点
- ◆三种不良的态度垃圾
  - 但愿当初
  - 如今怎么办
  - 万一将来
- ◆不良态度的根源
- ◆工作中的不良态度
- ◆表层之下
  - 你如何面对充满压力的环境？
  - 你是否有悲观倾向？
- ◆扔掉态度垃圾，轻装前进

在西雅图大学篮球队的第一年，我亲眼目睹了不良态度所带来的消极影响。我们的教练选择球员的能力很强，赛场外风度翩翩。然而，在我们的第一个赛季中，他却表现出一种消极的态度，这为全队敲响了丧钟。我当初之所以放弃更著名的华盛顿大学队，转而为西雅图大学酋长队效力，完全是因为他的魅力吸引了我。我还在读高中的时候，他曾经前来找我，并告诉我，我一定会成为他这支球队进攻时的核心人物，而这有助于我获得NBA球探的注意。

他选择球员的能力确实很强，但训练一开始，他的态度就变得消极起来。他批评我们，打击我们的信心。他太过于关注我们的错误，而不是关注怎样改进。他会告诉我，我的弹跳力还不够好，但他从来不提供如何提高的建议。

平心而论，我们的教练压力很大。当时，我们的球队尚处于重建期，两位表现出色的球员前年离队，而我们的比赛经验确实不足。可能我们的球技和心理韧性还不足，但教练认为这是赢球必不可少的。教练的态度变得非常消极，其实，与其喋喋不休地拿我们和他以前带过的球队比较，为什么不好好看看我们会变成什么样的球队呢？我们是一群和前人不同的球员，但我们还是具备某些技术的。如果他的心态能够有所

转变，我想我们都会受益。对他那种爱之深责之切的训练方法，老队员们可能能适应，但是，我们这些新球员尚未建立起足够的自信，我们需要更积极的训练方法，我们需要听到教练信任的鼓励。

我永远不会忘记秋季训练的第一天。我正在与队友做一对一的攻防练习，施展我整个夏季精研的步法，就在这时，教练的吼声传了过来——那是他能吼出的最高分贝："传球！太粘球了，还有时间投篮吗？"

整个夏季训练我都打得不错，我觉得我下一步会有更加出色的表现。但到首场比赛的时候，我的信心已经荡然无存，心理紧张，不敢投篮，害怕被教练批评。

回想当时，教练的负面评价确实影响到我的临场表现，但这并不完全是教练的过错。当时，我对监控内心对话、战胜消极态度一无所知，后来，我才认识到，你是可以不让别人的评价对自己造成消极影响的。你可以听他说什么，但你仍然可以独立选择自己的态度。当时，我的态度及对自我形象的认识，相当依赖于教练的评价，但他却并不想在鼓励我们这方面浪费口舌。

打完一场糟糕透顶的比赛后，在我的队友面前，他一遍又一遍地重复着我的凄惨得分，质问我是如何得到"全美高中明星球员"的称号的。我打得糟透了，这我承认，我当时的感觉就像是身处"阴阳魔界"。令人惊异的是，虽然我的身高依旧，但信心已全无。即使在我的运动生涯早已结束之后，有时一觉醒来，我仍然搞不清楚，当时我为何会错失那么多的投篮良机？我太害怕犯错误了！

事情变得越来越糟:第二年,我生了一场病,得了肺炎和肋膜炎。整个的大二赛季,我只剩下坐冷板凳的份儿。教练无法再对我呼来喝去,可就苦了我的那些队友们。由于教练的粗暴表现太过分,队友们威胁说要离队。大二刚开始的时候,我还是队长,所以队友们便要求我转告教练,请他设法将情绪放轻松一些。当我向教练转告队员们的想法时,他的回答竟然是这样的:"我35岁了,这就是我为什么当教练的原因。我的年龄已经太大,已经定型了,如果大家都想离开的话,我明年再重组一支球队就行了。"

但是,两年后,他走了。

有些人只是身高有问题,而他却是态度有问题。因此,除了自己,他怨不得任何人。对他不良态度的警告声不时响起,但他都充耳不闻。他的队员、助理教练和我都提醒过他,但他充耳不闻,拒绝承认他的态度有什么问题,而他为此付出的代价就是丢掉了饭碗。

✳ 不良态度乃是沉重的精神包袱

或许他承受着巨大的压力，或许他从大学得到的薪水太低，或许他被自己的球队低估，或许他的父母或教练当年也用负面反馈作为激励的手段，而且对他非常奏效，但我永远都无法了解，为什么他会养成这么一种糟糕的态度。这对他自己，对他的球员，都毫无帮助。

判断他人为何养成不良态度并非易事，但是，要从人群中把态度不良者挑出来，却并不困难。比如，从同事、亲戚或其他你认识的人中，你大概就能挑出六个态度不良者。因为指出某人态度不良相对容易，除非你自己就是个态度不良的人。到现在为止，如果你还没有在生活中如愿以偿，如果你依旧感觉生活乏味，被人小瞧，无人赏识，壮志未酬，那很大的可能是你选择了一种拖你后腿的不良态度。

你可能自己没发现，但是你可能已经注意到周围的人对你反应异常。如果你和老板、同事或职员之间的关系越来越糟，或者你所爱的人、你的朋友不再像往常那样对待你，很有可能原因不在他们，而在你自己。

心理垃圾影响你的态度

为了改变不良态度，我们必须首先弄清它们源于何处。困扰我们的最糟糕态度，通常源于我们心理成长期产生的陈年垃圾。由于我们长期与不安、自卑、压力、仇恨、愤怒、恐惧和变化相伴，由于推动这些情绪垃圾的动力深藏于我们潜意识的底层，要想理解并根除它们是极其困难的。因为我们常常认为，过去发生在我们身上的事情会一直跟着我们。所以，不良态度往往与情绪重负相伴。太多人习惯从过去看未来，这就像看着后视镜开车，你或许也能前进一点点，但迟早会撞车。

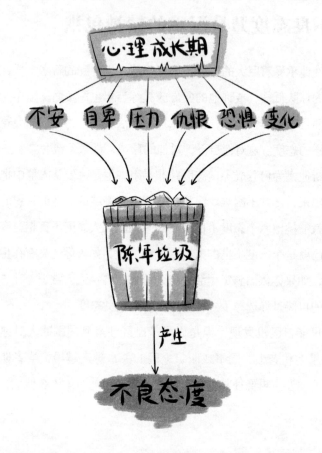

　　检视有害态度的根源是一项严肃的工作。但如果能排除这些沉重的垃圾，将会受益终生。我曾经认识一个聪明机灵、富有魅力的年轻女士，但她却不停地破坏着自己的事业和爱情的发展。她让男人爱上她，然后再和他们分手。她的工作表现十分出色，却又有意疏远她的老板和同事，好像她不得不如此一样。她经常挖苦人，喜爱玩花招，搞得大家对她的行为大为头疼。过后，她又会感到懊悔，并请求大家的原谅。不过，作为一个朋友或员工，她还有很大的改善空间。

这个才气十足但麻烦不断的30岁刚出头的女人，终于找出了纠缠她大部分成年生活的情绪垃圾。她一直与很多消极负面的记忆生活在一起，一直有种受害的感觉。她始终没能消除对父亲的看法，总是害怕亲密关系会以失败告终。此外，她渴望出人头地，但又害怕升任为公司的副总。可以说，她背负着前面提到的所有三种情绪垃圾。

有段时期，她参加了"酗酒者的成人小孩"聚会，在那里她完成了自我发现。在那里，她发现深植于自己内心的消极负面态度，与在双亲酗酒的家庭里成长的典型人格非常相似。这些源于自卑、害怕拒绝的人格特征，还包括受害者的心态，不断寻求被承认的倾向，极想成功又害怕成功，以及建立亲密关系的困难，等等。

当她开始参加由我朋友主持的这种治疗服务机构后，她才找到了内心的平静。她能认清阻挠她前进的不良态度并说出来。她扔掉了那些降低她生活质量的精神垃圾，采取了一种新的生活态度，帮助她最终得以施展才华，并找到了快乐。

✳ 良好的态度始于自我认识

当某种情绪控制我们时，我们对这种情绪的认知能力可以称作自我认识。在当前这个快速变革的复杂社会中，这种自我认识能力非常重要，它可以让你把握自己的情绪和态度。认识你自己，理解到底是什么在驱动你的态度和情绪，是获得自知之明，进而实现自我控制的第一步。如果还记得那些引发自毁性不良态度的经历，你就可以设法解除压力，甚至用更具建设性与能动性的情绪取代不良情绪，培养出更好的态度。

自我认识能力非常重要。当你告诉自己"我不应该在睡觉前想这件事"时，你就是在锻炼自己的自我认识能力，因为你正在审视自己的情绪，判断它的潜在影响。

当你锻炼自我认识能力的时候，你就是在更多地控制自己的行为。这种控制带给你各种选择，你可以发挥出一种积极态度，让消极情绪离你而去，你还可以把消极的情绪引导成积极行动。

如果你不学着去控制负面态度，或使负面态度改弦易辙，就可能对你的人生产生可怕的影响。或许它已经发生了。你是否变得心浮气躁，缺乏安全感，甚至莫名其妙地愤世嫉俗？是否有人告诉你，你容易反应过于强烈？你是否经常感慨自己为何变得如此心烦意乱，如此怒气冲冲，如此令人不快？原因可能就在你的态度，你需要检查，需要找出根源所在。

要想发挥生命中最大潜能，最重要的是去学习监控自己的态度，监控你的态度对自己的工作表现、人际关系和周围朋友的影响。我一般会先问参加我的研讨会和讲习班的人一个基本问题："你是带着什么样的态度来学习的？"这个问题经常把大家问得一脸茫然，很多人会闭上眼睛，微微仰头，一副若有所思的样子。看到类似的情景一再出现，我不禁深感疑惑，是不是某些人的"今日态度"写在他们的眼皮上了？

说实话，人们的态度意识水平一般不高。他们会知道自己饿了，知道自己的双脚是否受伤，知道自己是否被坐在前三排的人所吸引，但是，他们往往缺乏对态度的良好意识。这是错误的，因为，就像本书封面所说的一样：态度决定一切。态度不仅决定了你感知世界的方式，而且也决定了世界对你的认知。

✳ 化转折点为学习点

刚进入IBM的时候，我在IBM的一家零售店工作。我有些沮丧，身心俱疲。我的销售业绩达不到要求，这样的糟糕状况，为不良态度的发展提供了沃土。

老板要求我提高销售业绩。自从我转到零售部门以来，我就一直能听到这样的话。如果我想晋升到其他部门，我就必须首先达到特定水平的销售业绩。所以，我只能这样做了。我专心致志地工作，终于达到了目标，但是，什么事情都没有发生：没有晋升，没有赞扬，什么都没有！我灰心了，甚至都没弄清到底是怎么回事，我就产生了一种不良的工作态度，一次又一次地与一个不欣赏我的老板争论。在我的人生中，这绝对不是一段灿烂的黄金时光。

我的堂兄肯尼知道我很沮丧，就推荐我参加一门他已经通过的课程。那是一门两天半的课程，名字叫"追求卓越"。它是这样一种课程：你不知道你需要它，除非你上过这门课；但除非你上过这门课，否则你永远不会知道你需要它。上课吗？我去了，而且受益匪浅。它是一个将我唤醒的闹钟。

这门课的主旨之一，就是教导你必须为自己的态度和成功负责。它让我摆脱了喋喋不休的抱怨，抛弃了阻碍我前进的情绪垃圾与不良态度。课程的一个组成部分要求我们回顾人生中所有的重要经历——人生的转折点，并认识在每一个转折点我们的选择如何影响到后来的人生，其重点在于教我们把人生的转折点转化为学习点。一个人不能总沉溺在过去的错误或痛苦中，而要下定决心，吸取教训，继续前进。当然，在很多情况下，说比做容易，但是，在面对生命中的起起伏伏时，这是一条相当具有建设性的途径。

当我全面回顾我的人生经历时，我认识到，自己多次选择了错误的态度，结果又导致了更多的错误选择。我未能抛弃某些信息，结果它们变成了精神的垃圾。这门课程教我认识自己的错误，并为错误负责。

我们没必要一直背负着过去的精神垃圾度过一生，而应该将其抛诸脑后。清空你的行李箱吧，取出经久耐用的好东西——幸福的记忆，难得的经验，学到的教训，还有初恋的快乐，等等。至于其余的东西——悲伤的时光，孤独与寂寞，受伤的心灵，被拒与恐惧，等等——都是你不再需要的精神垃圾，它们只会扰乱你的态度和人生。抛弃它们，走向未来吧。只要你能调整自己的态度，转身离开机会紧锁的大门，走向机会敞开的大门，就不会重蹈覆辙。

✳ 三种不良的态度垃圾

要开始做这个精神练习，请先在心中想象三种需要随身携带的大件行李。这对我来说非常容易，因为我有三分之二的人生时间花在旅行上。夜里我根本不用数着羊的数目入睡，只数我装衣服的旅行袋就够了。

"但愿当初"（If-Only）型垃圾

许多人随身携带的第一种垃圾态度是"但愿当初……"，通常来自于对过去的懊悔。"但愿"一词，总是包含着未能完成的生意、误入歧途的计划、受伤未愈的心灵等内容，是沉重的精神包袱。多数情况下带着它是不适合远走高飞的，比如飞行员就不能带着这种思想上飞机，因为那样的话飞机将永远无法起飞。

下面是一些典型的"但愿当初"型垃圾：

- 但愿当初我三思之后才开口。
- 但愿当初我没有喝那最后一口酒。
- 但愿当初我待在学校里。
- 但愿当初我听了父母的话。
- 但愿当初我采取了防范措施。
- 但愿当初我与孩子相处了更长的时光。
- 但愿当初我让别人开车。
- 但愿当初我没有向我的欲望屈服。
- 但愿当初我一直闭口不言。
- 但愿当初我没有试图成为被关注的焦点。
- 但愿当初我在这段感情上付出了更多的努力。
- 但愿当初我没把爱那个人视为理所当然。

"但愿当初"这种垃圾会与时俱增，如果你不扔掉它，它就会不停地滋生，而且越来越沉重。除非你学会抛弃过去，否则，你最终会被拖入泥潭，永远无法前进。

"如今怎么办"（What-Now）型垃圾

这种情绪垃圾往往在当前生活的压力下出现，其中包含着沉重的压力与期望。它有时夹杂着好消息和坏消息，但背负者往往选择消极信息而不是积极信息。其结果是，再强健的人也可能瘫痪。

在"如今怎么办"型垃圾中，典型的消极内心对话如下：

- 我的配偶不快乐，怎么办？
- 我将背着高额债务毕业，怎么办？
- 我们刚生了一对双胞胎，怎么办？
- 我已经被裁员了，怎么办？
- 我有两个项目要同时结项，怎么办？

处理这种负面情绪垃圾以及其他任何再生压力的关键，是寻找机会和解决办法，而不是强调问题或潜在的负面结果。如果你感到压力重重，就很难快步前进，因此，你必须减负。

"万一将来"（What-If）型垃圾

人们经常携带的第三种负面情绪垃圾是"万一将来……"，它通常来自于对未来的担忧，即担忧未来可能出现的种种问题，而非可能出现的种种机会。

- 万一将来我失业了，怎么办？
- 万一将来我的健康出了问题，怎么办？
- 万一将来我的钱花光了，怎么办？
- 万一将来我的一生都孤独度过，怎么办？
- 万一将来我的配偶离我而去，怎么办？
- 万一将来股市崩盘，怎么办？
- 万一将来人类全部死于温室效应，怎么办？

预估未来没有任何错误。事实上，认真考虑每一个"万一将来"并针对不同设想做出合理的回应，绝对是明智之举。但是，关注问题的解决办法和仅仅关注问题本身是有区别的。当我们仅仅关注问题时，我们可能会感到无助；当我们放眼于解决之道时，我们就是在承担责任，在某种程度上掌控我们的人生。"万一将来"型垃圾的危险是，即使你已经深思熟虑过应该如何做出反应，你也永远无法放心。

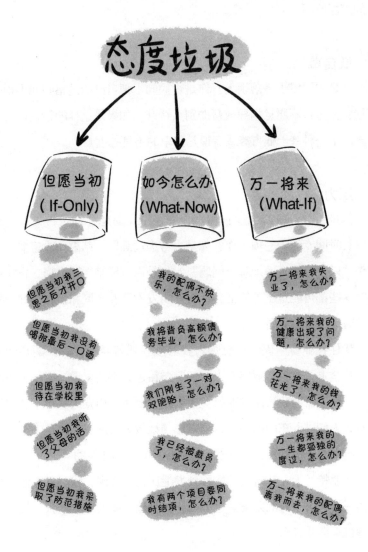

态度垃圾

但愿当初
（If-Only）

如今怎么办
（What-Now）

万一将来
（What-If）

但愿当初我三
思之后才开口

我的配偶不快
乐，怎么办？

万一将来我失
业了，怎么办？

但愿当初我没有
喝那最后一口酒

我将背负高额债
务毕业，怎么办？

万一将来我的
健康出现了问
题，怎么办？

但愿当初我
待在学校里

我们刚生了一对
双胞胎，怎么办？

万一将来我的钱
花光了，怎么办？

但愿当初我听
了父母的话

我已经被裁员
了，怎么办？

万一将来我的
一生都孤独的
度过，怎么办？

但愿当初我来
取了防范措施

我有两个项目要同
时结项，怎么办？

万一将来我的配偶
离我而去，怎么办？

✦ 不良态度的根源

习惯性的不良态度，通常是过去人生经验的产物。下面是一些最常见的深层原因。

低自尊

你是否习惯于奚落别人？你是否倾向于把自己的过错归罪于别人或环境？你是否不愿意指导或帮助别人晋升？如果是这样的话，你可能已经养成了一种基于低自尊或者说是自卑的不良态度。

压力

你是否觉得身心俱疲？你是否变得沮丧易怒？你是否失眠，或者难以长时间专注于一项工作？你是否考虑过辞职，结束一段感情，甚至自杀"以便一劳永逸地解决问题"？你是否有经常性的头痛、胃病或背痛？这些都可能是压力的征兆，容易引发不良的态度和情绪，并导致严重的医疗与身心问题。

我住在亚特兰大，这意味着我必须在亚特兰大开车。翻开任何一本百科全书，查看"亚特兰大交通"条目，你都会发现这样一个注释："小心压力。"我目睹过亚特兰大公路上因压力引发的各种不良态度，我看到人们进入车中的表情，与电影《拯救大兵瑞恩》序幕中士兵们在登陆艇上的表情非常相似。他们严阵以待，准备上阵拼杀。

在亚特兰大，我每天都能看到发泄压力的表现，我尽量在他们与我之间保持三个车身的距离。过去，一碰到堵车我就心理紧张，但现在我则趁机听会儿音乐。

恐惧

心理学家认为，"恐惧"（Fear）这个词意指"看似真相的假象"。恐惧感是面对危险时自然产生的警告系统。如果我们试图把这种感觉转化为某种真实的存在，问题就会出现。恐惧感可以让最能干的人完全瘫痪。被恐惧感笼罩的人就像没油的引擎一样，寸步难行。

仇恨与愤怒

如果你与同事或邻居发生了冲突，就有可能引发仇恨与愤怒，这种态度会把你的生活彻底搞乱。你是否会产生攻击伤害他人或毁坏他人财产的冲动？你是否只要一想到那个人就会满腔愤怒？你是否因此而无法入眠？因为愤怒与仇恨而引发的不良态度，对自己的伤害，最终往往会超过对别人的伤害。

无力应对变革

在职场中，科学技术迅猛发展，新兴需求飞速出现，重组、接管、并购犹如家常便饭，无怪乎每当一项新的生活变革公之于众，就有那么多的人们备感威胁。面对变革，你是否会感到失败不可避免？你是否会感到恐慌、迷惑或者背叛？如果你还没有做好应对变革的准备，上述这些都会影响到你的态度。

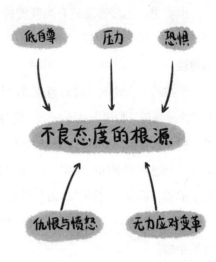

低自尊　　压力　　恐惧

不良态度的根源

仇恨与愤怒　　无力应对变革

我们都有过这类感受，有时还会因此产生不良的态度。我们往往无力甩掉这些情绪，因为它们往往深植于我们的人生经历中，自然而然地导致了不良态度的产生。

✦ 工作中的不良态度

在撰写关于"不良态度"的内容时，我想起了一个在横穿大陆的飞行中丢失行李的人。到了目的地，这位男士发现行李不见了，就径直去了航空公司的索赔办公室，大吵大闹了一番。航空公司的职员一边忍受着他愤怒的指责，一边耐心地记录着他的信息，直到这位乘客投诉她工作能力差为止，"先生，"她回答道，"至今还没人知道你的行李究竟在哪儿，此时此刻，这个世界上只有我们两个人关心这件事，但是我们当中的一个人正在迅速失去兴趣！"

事实上，消极态度具有高度的传染性，就如这位乘客的态度影响到航空公司的职员一样。消极态度在任何地方似乎都没有在工作中传播得快。

伊拉博士在他的《理解商业价值与激励因素》一书中写道："有一种'态度病毒'似乎无处不在……我们每天都能看到如下的症状：粗鲁无礼，服务低劣，动机缺乏，压力增大……在人员的流动、产量的低迷、顾客的抱怨和利润的枯竭中，经理们不时感受着这种'病毒'长时间所带来的痛苦后果。这种'病毒'所造成的最大损害，是降低了职场对其他'感染'的抵抗力，进而导致健康的工作者也想逃到更为健康的商业环境中去。"

沃尔夫博士指出，《职业病学与环境医学杂志》曾界定过一种职业病，叫"到场主义"——人虽然在工作，但并没有生产出价值。"它本质上像'缺席主义'，但更加糟糕，"他说，"由于雇员全勤了，因此可以获得全额薪水，但是，如果无视他们所做的工作，就会损伤其他人的工作积极性。据估计，每年仅美国'到场主义'带来的损失就有数千亿美元之巨，相当于每年损失25亿个工作日。"

小马丁·路德·金描述过他心目中理想的工作态度是什么样子。他说："如果一个人的工作是扫马路，他就应该把马路扫得像米开朗琪罗画的画一样，像莎士比亚写的诗一样，像贝多芬作的曲一样。他如果把马路扫成这样，那宇宙中的所有人都会停下来称赞他：'这里生活着一个伟大的清洁工，他的工作做得真好。'"

✳ 表层之下

水面下潜藏的石头决定了河水是清澈平静还是白浪翻腾。同样，你的内心也决定了你面对世界时的态度。通过检验你的昔日经验如何影响你的人生态度，你也可以学到如何更有效地为人生导航。你最近一次检查油箱和胎压是什么时候？你最近一次评估你的态度又是在什么时候？

态度评估

在纸上列表，写下那些过去拖你后腿的负面态度，并在每一项态度旁边，写下引发这种态度的可能原因。那么，哪些是垃圾？其成分是什么？过去的经验是什么？你受到了什么伤害？哪些事情让你羞愧？哪些事情让你愤怒？哪些事情让你嫉妒？

这可能是一次痛苦的情感练习。所以，我劝你另外找个地方或者请很了解你的好友帮助你。兄弟，姐妹，配偶，父母，都旁观者清。这是一次自我净化的体验。有时候，你必须彻底地检讨，所以不要害怕，有了什么发现，千万不要逃走。这都是你真实的一面，没有什么可羞愧的。过去的就过去了，要把它连根拔除，认清它并尊重它，因为它是你生命中必须面对的组成部分。

当你检查你的态度时，这里有一些问题：它受到什么影响？它有什么效果？换句话说，它对你现在的生活有什么影响？

1. 你如何面对充满压力的环境？

不良的态度往往容易在压力下出现。当你面对迫在眉睫的截止日期、需要拿出一个要求高水准的表现或必须满足高度的期望时，你的情绪会怎么样？

a. 生气

b. 沮丧

c. 绝望地高举双手投降

d. 充满活力

当你感到压力重重时，请检验上述哪种反应与你的反应最为近似。然后，再想想你为何会出现这样的态度，到底是什么态度驱使你做出了这样的回应。

我有一位朋友，每当他需要修理家里的任何东西时，都会变得高度紧张。他几乎没有什么机械工、水暖工或木工的手艺，他很清楚他在遇到修理活时精神压力大，不正常。有一天，当他为孩子组装一张书桌时，脑海里突然浮现出青少年时期的情景，他听到父亲和哥哥正在嘲笑他手艺笨拙。那时，他突然明白了，那些根深蒂固的记忆为什么一直带给他强烈的不安全感。由于这种不安全感，他总是太看重这类工作，并设法尽快完成。尽管他并不比大多数业余者的水平差，但他对自己的工作却总是百般挑剔。

顺便提一下，迈克尔·乔丹小时候并不擅长用扳手和螺丝刀，他那喜爱机械的父亲经常让他"到厨房和女人们一起玩"。但是，乔丹显然还有别的本领可以尽情发挥。

看看那些令你感到压力巨大的日常琐事与艰苦工作吧，想想什么情绪或经历可能是压力之源。这非常重要，因为压力的确是一种杀手。《内科档案》报道的一份研究报告显示，压力可能引发极其恶劣的后果，已经确认的发现有：加速癌细胞的扩散，增加病毒感染的机会，增加血管栓塞的可能，加速糖尿病的发作，引发哮喘病。压力还与胃溃疡、失忆以及神经衰弱等症状有关。

2. 你是否有悲观倾向？

悲观主义是不良态度的外在表现。如果你总想去发现佳境的不利方面，如果你总想去寻找白云的黑边，如果你总认为玻璃杯还有一半没装水而不是已经装满了半杯水，那么你可能带有由不良态度引发的悲观倾向。无论现在还是将来，在悲观主义者看来一切都没有多少乐趣。他们是梦想的杀手，把自己和周围人的梦想纷纷击落。

我的一位朋友曾经向我抱怨，他的妻子就是这样的一个梦想杀手。他透露自己正在考虑去看婚姻咨询专家，因为他妻子的悲观态度正一点点把他们的婚姻中所有的快乐排挤掉，他们之间的对话总会这样收尾：

我必须承认，我朋友的妻子在看世界时确实有悲观主义倾向。我要求他好好想一下，他妻子的悲观态度之下是否隐藏着不为人知的经历或情绪。他说他不清楚。有天晚上，他终于面对妻子，说她总是把他的梦

想打碎，他不明白，他们的生活很舒适，她有什么理由如此悲观呢？她开始哭起来，并告诉丈夫，她的父亲一直是个幻想家，但她父亲的幻想从来没有实现过。她父亲常常用他从事的某项新发明、新事业或新机遇让她和她母亲激动起来，但这些梦想却总是落空。由于父亲的伟大计划从未实现过，她们家的经济状况便常常是一贫如洗。其结果就是，当女儿长大后，对梦想不再信任，对梦想者也失去了耐心。

我朋友和他妻子认真讨论了她过去的经历与情绪，他提醒妻子，他和自己的岳父不一样。我朋友指出，他已经成功地实现了很多梦想，已经创造了舒适的生活。由于证据就在眼前，她不得不认可丈夫的说法。于是她开始从悲观的态度中解脱出来，转向乐观的态度。一旦扔掉了昔日的情绪垃圾，婚姻对他们来说会变得更有乐趣。

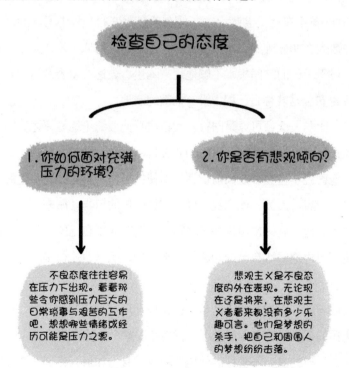

检查自己的态度

1.你如何面对充满压力的环境？

不良态度往往容易在压力下出现。看看那些令你感到压力巨大的日常琐事与艰苦的工作吧，想想哪些情绪或经历可能是压力之源。

2.你是否有悲观倾向？

悲观主义是不良态度的外在表现。无论现在还是将来，在悲观主义者看来都没有多少乐趣可言。他们是梦想的杀手，把自己和周围人的梦想纷纷击落。

✳ 扔掉态度垃圾，轻装前进

扔掉态度垃圾的效果是令人吃惊的。我的一位朋友由于无法忍受美国国家广播电视网（NBC）的体育评论员比尔·沃顿在一些NBA球赛中的评论，愤而关掉了电视的声音。其实并非沃顿不懂比赛，事实上，这位大名鼎鼎的红发体育评论员，曾经两次获得全美大学篮球联赛（NCAA）的冠军，两次获得全美职业篮球联赛（NBA）的冠军，后来因饱受伤痛之苦，被迫提前退役。我的朋友不喜欢沃顿，只是因为"他太啰唆了"。

我自己也是个唠唠叨叨的人，我是很崇拜沃顿的。他是印第安纳波利斯500英里车赛的名嘴之一。他在球赛暂停的20秒中所讲的话，要比大多数人在20分钟的交谈中所讲的话还要多。他似乎乐在其中。对他来说，似乎一天的时间根本不够他用来陈述、表达或发表意见。其他的NBA评论员经常戏称自己根本没有插嘴的余地。

我和比尔·沃顿可算是同行。我喜欢听他滔滔不绝地评述，因为我知道他正在享受抛掉精神垃圾后的心灵自由。你要知道，沃顿也曾经很害羞，他曾经不肯在公众面前讲话，即使打了一场精彩的比赛之后，他也会躲开记者。因为，他和我一样，有过严重的口吃。后来在一个朋友的帮助下，他找到一位口语矫正老师，从而改变了自己的一生。对他而言，能够自由地表达自己的想法是多么快乐，所以他才很难安静下来让别人插嘴。

当你理解一名知名的运动员害怕在公开场所讲话的痛苦时，你就不会对沃顿的滔滔不绝心生反感了。我当然理解个中的滋味。

令人欣慰的是，不管你的处境、职业或身份如何，你都有选择回应方式和态度类型的力量。上帝既然以他的形象创造了你，就不会造出一个无用的废物。你是独一无二的，在你之前或你之后，这世界上不会再出现第二个你。你的出生是为了造福他人。

态度调节表

自我认识是逐渐认识自己情绪与态度的第一步。

努力将转折点转化为学习点。

你背负着哪些情绪垃圾："但愿当初？""如今怎么办？""万一将来？"

不良态度的根源有：低自尊（自卑），压力，恐惧，仇恨，愤怒，以及无力随机应变。

唯有心态能决定我们的未来。

第 四 章
彻底改变不良态度

步骤4：重新打造你的态度　本步骤将告诉你：观念的改变会带来态度的改变，这将有助于你化态度为行动。

ATTITUDE
IS EVERYTHING

彻底改变不良态度

◆首先，控制你的态度

◆其次，改变你的看法

◆最后，学会从痛苦的经验中受益

◆引发不良态度的"3P" ─┬─ 无休止的(permanent)
                          ├─ 全面性的(pervasive)
                          └─ 针对自己的(personal)

◆感恩与宽恕：负面态度的解药

◆用行动去爱和宽恕

一辆汽车正以70英里的时速向我的车尾保险杠飞驰而来，而我却无处逃避。当我从后视镜看到它正加速朝我冲来时，我正卡在亚特兰大拥堵的公路车流中动弹不得。此时此刻，我不知道别人会怎么做，我只能猛按喇叭，结果倒霉的是我前面那个可怜的家伙。然后，刺耳的轮胎擦地声传了过来，那位驾车高速向我冲来的女士突然发现，约两百万人正在路上堵着，除她之外，没有一个人能动弹。

所幸她的刹车还不错。她的确撞上了我的车，但只是轻微地撞上了后保险杠。这仍让我吓得不由自主地"嗨"了出来。我一直认为，我可以充分行使作为一个美国行路人的不可剥夺的权利，但现在我失去了它。我身系安全带，深陷于I-285公路的交通瘫痪之中，尽管我号称"冷静先生"、"激励先生"、"乐观先生"，但我还是忍不住想冲这位陌生女子大喊大叫。

然后，我从后视镜里看到，她倚在方向盘上，送给我一个非常夸张的飞吻！

一个飞吻！

调整一下心态吧。我的内心对话改变了方向：你是积极的人，你是独一无二的。

所以，我也回送了一个飞吻。

多么神奇呀！只要稍微调整一下想法，就能轻易修正不良的态度。并非送飞吻都那么容易，但是，它毕竟不需要大动干戈就能做到。当这位女子送我飞吻时，绝对不是在勾引我，而是在表示道歉。

当她做出这个手势后，我的态度改变了。之前，我一直在想："我知道她一定会撞上我，但愿她买了保险。"她的飞吻改变了这一切，她的意思像是在说："我错了，我已经知道了，对不起！我很高兴你安然无恙！别再生气了！"

✳ 首先，控制你的态度

当然，你不能总是期望别人来替你调整态度，并且总使用飞吻这类令人愉快的方式。控制态度还是要靠你自己。

大多数感觉来得快，去得也快，但偶尔会像晴天霹雳一样，在我们的内心和灵魂深处留下烙印。心爱之人的死去，亲戚关系的破裂，职业生涯的打击，人格尊严的侮辱——这一切都能引发出强烈的悲伤、懊悔和愤怒的情绪。如果你不设法控制自己的态度和负面情绪，找出缓解压力的途径，就会对你造成严重的身心伤害。

通过学校的各种课程，我们可以学习如何控制我们的财务、职业生涯乃至全面成功，但是，我们到哪儿去注册学习控制态度的基础课呢？凯斯西储大学的一位心理学家针对四百多名男女做过一项调查，询问他们如何控制自己的态度。结果，几乎所有的被调查者都承认，他们基本上是随心所欲。同一项调查还发现，愤怒是多数人最难以控制的情绪。这没有什么可大惊小怪的，因为有些人的生活确实是由内心的愤怒控制的，并且怒形于色。他们的脾气一触即发，沾火就着。要想让他们始终保持良好的心态，就如同走钢丝一样困难，其结果通常是，他们几乎没有可长久相处的人际关系。

容易动怒的人发完脾气后，经常感到后悔。他们会说："我很抱歉，我当时控制不了自己。"在一些因体内化学元素不平衡而引发的极端精神病案例中，这或许是绝对正确的。处于愤怒状态的人几乎不可能迅速恢复理智，这同样是正确的，因为那一刻他们已经无法理智思考。但是，在大多数的案例中，适度的愤怒是可以控制的，同理，其他那些可能引发消极后果的情绪同样也是可以控制的。沮丧、忧伤、憎恨、嫉妒、仇恨、恐惧、焦虑，以及其他潜在的有害情绪，都可以进入我们的意识，同样，这些麻烦的情绪也都可以被清理掉。这就看你如何对自己的态度负责了。

✳ 其次，改变你的看法

一位朋友告诉我，他辛苦工作一天之后，好不容易驱车穿过晚高峰的拥堵车流，终于回到家里时，却发现车库的车道被孩子们的自行车和玩具堵住，这常常让他气急败坏。他几乎每天都得下车清理出一条通道来。他曾经告诫孩子们不要将玩具堵在车道上，但不管用。他甚至威胁过要从玩具上轧过去，但头两天孩子们还能保持车道干净，很快就会故态复萌。辛辛苦苦忙了一天，好不容易回到家里，车子又进不了车库，每逢此时，他就会心烦意乱。

一天傍晚，朋友回到家里，再次发现车道被散置的"风火轮"玩具赛车、粗粉笔、星际大战人物、芭比娃娃、自行车和三轮车堵塞。他无奈地停车，下车，生气地清理车道。他捡起一个又一个玩具，心里越来越气。

一位退休的邻居从旁边经过，见状停了下来，并和他一起收拾玩具。这位邻居的小女儿一周前出嫁，搬到别的州住去了。婚礼过后，邻里间还没有说过话。于是，他们展开了下面的对话：

　　这位邻居诚恳的表白，给了我的朋友强有力的启示。在那之后，我的朋友再没有因为车道上的玩具而生气。他告诉我，自那一刻起，无论他何时回到家里，一看到车道上散落的自行车和芭比娃娃，他的心里就充满了幸福与感激之情。"孩子毕竟是孩子，我还有很多时间能与他们待在一起。"这是他现在的想法。

现在看起来，我朋友的车库车道仍然像地震过后的玩具反斗城。他的孩子们仍然把玩具散放在车道上，除了他的想法产生了戏剧性的变化外，一切都是老样子。我的朋友完全学会了用新的眼光看待事物，他用感激取代了愤怒，用积极的态度取代了不良的态度。

✳ 最后，学会从痛苦的经验中受益

你是否想过一张百元美钞的真正价值是什么？如果只有你一个人居住在荒凉的小岛上，这个百元美钞有什么用？它大概只能提供一片阴影，不是吗？如果没有人愿意与你交易货物或提供劳务，它将一文不值。它的价值建立在有人愿意交换的基础上，否则，它不过是一张废纸。总之，这张钞票的价值取决于你怎么看待它。

这个道理，可以应用于世界上几乎任何一件事情，尤其是发生在你身上的事情。如果你失业，这个失业经验的价值全在你的一念之间。你可以选择失败与愤怒的态度，你也可以选择其他态度，例如，你现在终于可以自由地尝试其他机会，或者去做你一直想做的事情。这是一个如何理解的问题，全靠你根据自己的观念赋予它价值或意义。

如果你觉得，这种借改变观念来调整态度的想法有点过于轻松，甚至有点盲目乐观，那就回想一下你小时候发生过的一些最坏的事情吧：你的小狗死了；你从自行车上摔下来磕掉了门牙；你踢足球砸碎了教堂的彩绘玻璃；你被叫到了校长办公室……

现在，反思一下这些事情，难道你没有从中悟到人生的道理吗？尽管某些东西失去了，难道没有新机会出现吗？难道你没有从中受益吗？

几乎从所有相关的事情中，你都可以获得教益。它们不总是立即显现，但是，如果从长远的眼光看，现在发生的一切问题都只是暂时的，如果这样看，你就不会那么痛苦或者不会产生消极的态度。

发生在你身上的一些事，一开始似乎都是难以面对或难以换个角度来看待的。例如，挚爱的人去世，会引发强烈的痛苦之情。每当你想到你已经学会如何控制它的时候，悲痛就会出其不意地重新出现。一开始，这种痛苦似乎是难以忍受的，但痛苦终将过去。不管你是否相信，痛苦都有一定的发展走向。

已经有很多好书，对痛苦的发展过程进行过讨论，咨询师可以据此帮助你有效地解决相关问题。因挚爱的人去世所带来的痛苦，当然也可以如此解决。我并不认为这很容易，它从来就不简单，但尽管如此，还是有很多办法换个角度重新看待痛苦的。我发现，当我坚信已逝的挚爱者是希望我能继续生活、享受幸福时，反而有助于我走出内心的痛苦。

所以，如何看待痛苦与沮丧，决定了这些情绪是得到缓和还是更加严重。在这个复杂多变的世界上，你我都无法控制发生在我们身上的事情，但我们确实有权控制自己如何回应，确实有能力控制自己面对世界的态度。我们并非孤立无援。

13岁的时候，有一次我在体育馆打完球回到家，发现我的父亲正在收拾行李。他把我叫进卧室，说："我要走了。你妈妈和我多年来无法很好地相处。我打算去别的地方生活，我们要离婚了。"

我不知道该说些什么。我早已习惯把门关上，把枕头压在头上，这样就可以听不到他们的争吵。我的姐姐则会设法平息他们的争吵。她现在是一位警官，顺便说一句，她继续扮演着"和事佬"的角色。当时，我问父亲能否带我回到体育馆。现在回想起来，我只是想设法和他多待

一段时间。对于他的离开，我有一种负罪感，好像我没有尽到自己的本分一样。我心中充满愧疚和遗憾，似乎他们无法好好相处都是我的过错。

在回体育馆的路上，我们没有说多少话。我觉得我了解一切，能够解决问题。我记得我在下车时说道：“再见，爸爸。”这是我当时唯一能说出口的话。

当时，离婚不像现在这样司空见惯，我又内疚又羞愧。当朋友们问我爸爸在哪里时，我会告诉他们，他病了或者正在休假。我对篮球、朋友和学校都失去了兴趣。从外表上看，我变得沉默寡言，但是，我的内心对话却并非如此。我的祖母看到我闷闷不乐，问明缘由后，用最简单的道理开导了我。

我的祖母，用她的智慧，把父母离婚的重负从我的肩上卸掉了。她看出我把父母离婚的责任归咎于

自己，而这也是许多经历双亲离婚的孩子的共同心结。她还注意到，我把父亲离家出走理解为完全弃我而去，所以她向我保证父亲不会那样。她帮助我认识到，我的生活并未天塌地陷，依然有强大的家庭基础在支持着我。

她告诉我，我依然可以去看望父亲，因为他可能比以前更加需要我。她说我的妈妈也需要我的支持和爱。那段日子里，祖母给了我极大的帮助。她不仅帮助我面对父母的离婚，而且给我上了一堂如何控制情绪、调整态度的基础课。

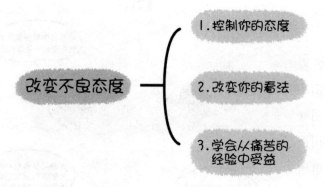

✳ 引发不良态度的3P

面对重大挑战时，请牢记下面三点内容。如果你能牢记它们，不仅可以迅速站稳脚跟，而且可以远离因不快而产生的负面态度。记住，挑战并非是：

1. 无休止的（permanent）。事实上，它不会永远持续下去。

当美好的生活来临时，为什么我们很快会担忧这样的快乐能不能长久？当痛苦的悲剧发生时，为什么我们很快会认为困难永远无法克服？

为什么我们不能尽情地享受美好时光，并让厄运远离我们？我们的确需要时间才能从厄运的打击中艰难地恢复过来，但是，毕竟存在这样一个恢复性的过程，它是我们情感再生的一个组成部分。只要不再固执地沉溺于自怨自艾的情绪之中，你的潜意识就会自动引领你走出这个误区。这样做有什么意义呢？假设你顺利通过了这个恢复过程，你就会明白，随着时间的推移，你将把这个人生的转折点转化为学习点。

2. 全面性的（pervasive）。事实上，它不会毁了你的整个人生。

当我未能顺利进入NBA打球时，我当时的念头是：我人生成功的梦想和目标消失了，我觉得自己放不下作为运动员所获得的尊重。现在回想起来，没能进入NBA打球不过是个经过伪装的祝福而已。那次的重大转折，教会了我如何适应生活中的任何变化。

3. 针对自己的（personal）。实际上，你不是唯一的受苦者。

我理解为什么必须有专门的车辆牌照，必须有专门的门牌号码，但是，我们为什么要把发生在我们身上的坏事也归为个人专利呢？生活是一个随机的过程，任何事情都不是针对个人的。然而，我们似乎对

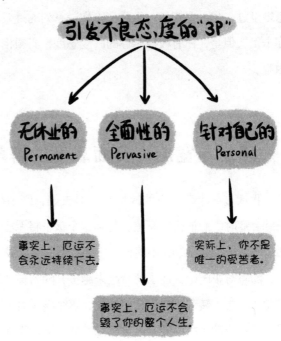

引发不良态度的"3P"

无休业的 Permanent

全面性的 Pervasive

针对配的 Personal

事实上，厄运不会永远持续下去。

事实上，厄运不会毁了你的整个人生。

实际上，你不是唯一的受苦者。

此不太理解。"为什么这事总发生在我的身上？为什么我就不能喘口气？我究竟做了什么事让我非得承受痛苦？"别这样想了，它不是针对你的，它面向所有人的生活。有时候，你是生活之车上的一只虫子；有时候，你是生活之花中的一滴甘露。你见过没有障碍的高尔夫球场吗？没有，因此，你也看不到一帆风顺的人生。你并非唯一承受痛苦或享受喜悦的人，高兴点吧，你只是众多受苦者中的一个而已；宽心点吧，你的遭遇可能到处都有；迎接挑战吧，努力学习必要的生存技能，茁壮成长。

当你产生了所有的3P思想，即认为挑战是无休止的、全面性的、针对自己的，心理学家就会认为你染上了一种叫做"经验性无助"的态度。实际上，坏事会落到好人头上。有些人灾难不断，有些人则安然无恙地度过一生。要知道，生活会给你一系列的挑战，有时候甚至还会把你击倒。但是，你有权控制你的回应态度，必须相信自己终将战胜这些困难。

✳ 感恩与宽恕：负面态度的解药

我读过一个杂志上的故事。一对夫妇，刚刚得知小儿子患上了唐氏综合症时，心情极度震惊。想到这个孩子将无法再过正常、快乐的生活，不能被社会接纳，不能自力更生，不能走向成功，他们伤痛欲绝。

随着对唐氏综合症了解得越来越多，随着孩子越来越大，这对父母的想法发生了转变。他们开始发现，这个孩子有一颗充满幸福和爱的心灵，他对成功生活的要素有自己独特的理解。当他在特奥会径赛项目上夺标时，他激动得说不出话来。这对父母开始认识到，拥有这样的孩子真是有福气。

因为这个孩子，我们学会了无条件的去爱，我们的生活变得更加丰富多彩了。

这对夫妇没有一味地痛苦不已，而是学会了用感恩之心来看待一切。当然，他们的态度调整并非一日之功。事实上，真正的智慧绝少如闪电般到来。他们需要面对频频袭来的包括失望、悲伤和恐惧在内的诸多情绪，但他们没有让这些情绪一直与自己为伍。结果，他们的态度变得非常积极且富有建设性。

当你的车子没油了，你会到加油站加油，好让车子继续行驶，对吗？当你的手机电池电量不足时，你会插入充电器充电，不是吗？那么，为什么当你的情绪和态度直线下落时，你没有想到找地方为态度充电呢？

我们都有一个积极正面的记忆和情绪数据库，可以供我们面对挑战时发掘利用。我的充电来源是上帝。由于某些原因，我们似乎总是把充电器插入消极电源。在悲伤的时候，我们常常把自己接入遗憾、无助、悲痛之类的情绪电源，而不是用更具建设性的积极电源充电。

感恩与宽恕是治愈负面态度的两个最佳药方。当小儿子患上了唐氏综合症时，这对夫妇学会了以感恩而非失望和恐惧的态度去面对挑战，他们走出了受伤害的心态，情绪上得以复原。同样的事情发生在因为孩子们乱放玩具而无法将车开进车库的怒气冲冲的父亲身上。由于情绪的简单转换，他们的生活又变得幸福快乐、丰富多彩了。

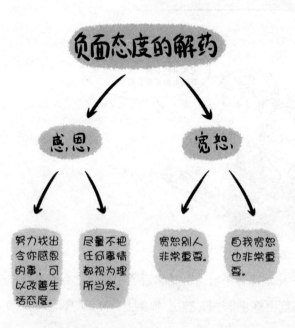

看起来出人意

料地简单，是吗？所要做的只是转换心态。当你停止抱怨和批评、不再总去想受伤与愤怒时，你就能自由地表达宽恕和热爱，感激并接受他人。事实上，需要感恩的事情非常多。我尽量不把任何事情都视为理所当然。每天，我都要努力找出至少100件令我感恩的事，我发现这可以改善我一天的生活态度。知道自己得到了别人的祝福，可以让人获得一定程度的忍耐、理解和快乐。反之，如果只是紧盯着你所面对的挑战，就容易变得不安、焦躁和痛苦。

别人对你怎么做，不一定会引发你的不良态度。自己内心的消极想法和情绪，才是引发不良态度的罪魁祸首。如果你具备感恩与宽恕之心，就能远离骄傲、自恋、愤怒、报复、批判、报应和伤害。

我们容易严于律人，宽以待己。人非圣贤，孰能无过，如果我们认同这样的事实，就会愿意宽恕别人。

几年前，我对我办公室的两个职员做出过一个急躁而草率的鉴定。当时他们负责我的订票、旅行与财务事宜。由于公司业务发展迅速，他们被繁重的工作压得喘不过气来。其中一个人本来身体就不好，这对他更是雪上加霜。由于经常在外边跑，我不知道他们已经在超负荷工作，但是我能够发现不对劲。

我请来一些顾问征求意见，但是，我的员工不愿听从这种指导。于是我认为他们的工作态度有问题。由于公司业务呈爆炸性增长，他们已经无法很好地完成工作任务。有鉴于此，我决定请别的公司来管理相关业务。不料，虽然这个公司的人数多了一倍，但同样的问题仍未解决。

直到此时，我才认识到，我原先对自己员工做出的评价太过草率了。事实上，他们对我一直忠心耿耿。于是，我找到这两位员工并请求他们原谅。

互相的宽恕让我们重新在一起工作。我们变得越来越亲密，并且互相尊重。我们学着去欣赏彼此的优点与缺点。因为不再有痛苦或伤害，我们获得了真正的内心和谐。我们认识到彼此拥有共同的目标，我们创造了一个共同工作、努力达成目标的优良环境。

宽恕别人非常重要。宽恕并不需要你与充满危险性或伤害性的人保持关系。如果你曾经在身体或心灵上受过虐待，就在心里宽恕他们吧。宽恕可以让你从痛苦与愤怒的情绪中解脱出来，让你走出消极负面的态度，代之以心平气和。在一定程度上，你可以获得一种仁爱的态度。

自我宽恕也非常重要。有些人发觉他们很难原谅自己，因为他们是完美主义者。他们为自己设定了不切实际的标准。我们都应该知道，我们并不完美。大学期间，当我病得非常厉害时，因为无法做任何事情，我都快急疯了，我必须采取一种自我宽恕的态度。

我曾经遇到一位年轻的女士斯黛茜，并分享到她的自我宽恕故事。有五年的时间，她迷恋毒品。她曾经戒过一阵子，后来又故态复萌。当一名心理咨询师让她看着他的眼睛，说出她对自己和自己的生活到底是什么感觉时，她的心理变化产生了，这是自我接纳的开始。她说，在她的人生中，这是她第一次近距离地逼视自己，直面自己的罪过和恐惧，认真思考自己到底是谁。在大部分的生活时间中，她恐怕并不喜欢自己。随之有一天，她给自己写了封信，为自己的不当行为道歉。一旦原谅了自己，她又重新获得了戒毒的勇气和力量。她说，她每天都祈求上帝帮助她继续努力，把事情做好。

在探索宽恕的力量时，还有下列其他重点内容供你参考。

宽恕行为无时限：
事实上，没有限制宽恕时限的法令。
不管是小时候，还是几年前，如果其间发生的事情需要宽恕，你就有必要借宽恕走出负面情绪。否则它就像一种会生长和扩散的癌细胞，继续恶化，进而影响到生活的所有层面。除非你学会宽恕，学会把痛苦和愤怒释放出来。

宽恕行为引怀疑：

当你宽恕别人时，可能引发别人对你诚心的怀疑。

不要期望别人马上就能理解，你已经跳出痛苦走向宽恕。尽量用一种没有威胁性的方式接近对方，给对方留出调整的空间和思考的时间。

宽恕行为需彻底：

如果你错失良机，斯人已逝，仍有必要行宽恕之举。

尝试写两封信，一封给对方，另一封给自己，把你宽恕对方的行为具体化。告诉他们，他们曾经如何伤害了你。一定要写得非常具体。告诉他们，你已经宽恕了他们，你已经从愤怒中走了出来。

宽恕行为勿遗漏：

不要试图否认、忽略或遗漏任何一次受伤的记忆。

有没有数年前发生的旧伤害或旧怨恨仍然无法释怀？好好回顾，把它们找出来，说出来。如果你做不到，你会在无意识中养成一种生活态度，折射出你挥之不去的伤害和愤怒。

宽恕行为单方起：

宽恕不一定是相互的。

当你请求别人的宽恕时，记住，你无法控制别人的反应。如果对方不愿宽恕你，那么，就自己宽恕自己，继续前进吧。

不管是小时候，还是几年前，如果期间发生的事情需要宽恕，你就有必要借宽恕走出负面情绪。

不要期望别人马上就能理解，给对方留出调整的空间和思考的时间。

如果你错失良机，斯人已逝，仍有必要行宽恕之举。

宽恕行为
无时限

宽恕行为
引怀疑

宽恕行为
需彻底

"宽恕"的重点

宽恕行为
勿遗漏

宽恕行为
单方起

不要试图否认、忽略或遗漏任何一次受伤的记忆。

宽恕不一定是相互的。如果对方不愿宽恕你，就自己宽恕自己，继续前进吧。

✳ 用行动去爱和宽恕

我与父亲的关系总是显得生疏。我期待他对我的肯定，但他并不轻易开口。身为一个蓝领工人的儿子，他通过努力工作和智力挑战来改善生活，并成为一位大学教授。他深信他的角色是督促我，而不是称赞我。那时候，我对他的做法并不理解，但我的父亲正在逐步把我推向更高的水平，并努力让我保持谦虚的心态。

　　我的好朋友丹·克拉克做过一次演讲，题目是《有效沟通的力量》。丹说："下次我们再举办这样的小型研讨会时，让我们做个问卷调查，看看有多少男性曾经听到过他们的父亲说'我爱你'。"那天夜晚，我意识到我从来没有听到过父亲说他爱我。再晚些时候，我给祖母打了个电话，跟她说起这件事。她说出了令我终生难忘的话："我知道你爸爸爱你，不过回顾过去，他的父亲也没有对他说过这样的话。"

　　有时候，当你想在生活中得到某些东西时，你必须先走出第一步。我决定，在父亲的生日那天，我要给他打电话并告诉他"我爱你"。如果你想有更多的朋友，你自己要先成为别人的朋友。如果你需要爱，你得先付出爱。那个生日电话后，父亲和我经常会对对方讲："我爱你。"

　　世界上最强有力的三个励志单词，碰巧是三个用得最少的单词："我爱你。"你认识迟迟未听过这三个单词的人吗？

　　让责难、伤害和愤怒都走开吧！用宽恕和感恩的态度取代这些负面情绪，这是一种高效的复原经验，把你应负有的人生责任归还于你。如果你没能实现梦想、达成目标，将不再是别人的过错。一旦这种责难终止了，你也就独自负起了责任。我认为，之所以有这么多的人总是躲在负面态度之后，是因为他们不想负起责任的缘故。

或许某些人确实应该为伤害你负责，但是，即使你弄清他的责任并一直责难对方，这又有什么意义呢？抛开责难，宽恕对方，重新承担起人生的责任吧。告诉自己，有了宽恕与感恩，你就有了从痛苦中康复的力量。负起责任吧！就从今天开始，宽恕那些在生活中带给你苦闷或痛苦的人。

我的朋友简娜莉与我分享她关于宽恕的故事。她和父亲关系紧张。因为她父亲期望女儿能符合他心目中的淑女形象——结婚并待在家里抚养孩子，但是，她不愿意这样做。她单身，独立，是一个受过良好教育的职业女性。因此，她很少得到父亲的认可。她的父亲烦她，不肯与她讨论她的生活境况。

简娜莉有一颗宽恕的心。尽管她的父亲对她并不好，但她走出了宽恕的第一步，给父亲写了一封信，尝试打开交流之门。她的父亲拒绝读信，她就又写了一封，但她的父亲仍然不愿开封。

在她父亲的生日那天，她送了一大束鲜花，并附了一张卡片，上面写着："爸爸，我爱你。"这种姿态打通了交流的道路，父女俩做了一次温馨、痛苦而坦诚的心灵对话。

她原谅了父亲。

很多时候，我们面对这种情境会变得束手无策。"他没有反应，我能做什么呢？我已经尽力了，现在该是他做出表示的时候了。"由于简娜莉愿意低下头来，用爱来超越挫败与愤怒，使她和父亲之间的关系终于获得了突破。

爱是恒久忍耐，又有恩慈

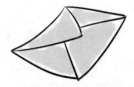

爱是不嫉妒，爱是不自夸，不张狂

不做害羞的事，不求自己的益处

不轻易发怒，不计算人的恶

不喜欢不义，只喜欢真理

凡事包容，凡事相信

凡事盼望，凡事忍耐

——《圣经》

态度调节表

态度控制的基本原则：态度即责任。开始管理你的情绪。

你可以借观念的改变来改变态度。

人生经验的价值是由你自己主宰的。

引发不良态度的三种原因：相信厄运是无休止的、全面性的、针对个人的。

感恩与宽恕——保持积极态度的重要方法。

一个人的真正财富，不是金钱的多少和地位的高低，而是你的心灵。

第五章
化态度为行动

　　步骤5：找出目标与激情　　本步骤将帮助你理解，拥有明确的目标和无限激情的力量是何其强大。这将帮助你建立起化态度为行动所需要的愿景、目标和计划。

ATTITUDE
IS EVERYTHING

化态度为行动

◆ 没有激情和目标就出发

◆ 活得有目标

◆ 缺乏愿景使人迷失

◆ 重要的是过程，而非结果

◆ 给梦想设定一个期限 ─┤ 设计一份职业生涯计划表
设计一份个人生活计划表

◆ 制订一份完整的行动策略

在IBM的头7年，我急于树立自己的好人缘，但并没有任何明确的职业目标。我只是希望找一个舒适安全的地方，也许哪天做个业务员就知足了。最初，能够进入IBM就让我非常激动。你想啊，打篮球没有结果，在阿拉斯加也没做成油漆工，既然没有别的选择，能被一家美国最受推崇、最有实力的公司录用，我已经深感幸运了。

没过太长的时间，我的态度就开始转变了，我满怀挫折和愤慨："为什么我没被分派到好点儿的销售区域？他们的销售业绩也不见得比我高。我可能永远都得不到晋升了。"

有些人一进入公司就扶摇直上。而我，似乎已经爬到头了。我加入了IBM不满者俱乐部。我有一长串没能成功的借口。IBM因其闻名全球的销售力量而在《财富》杂志500强中名列前茅。30年中，电动打字机一直是IBM的主打产品，不过，那是我进入IBM之前20年的事了。当我在IBM工作时，高科技的电脑主机已成为公司的生财之道，而我却被分派到一个低技术的办公室设备部门，在那里，我几乎卖不出任何东西。所以，我没法完成定额，根据IBM的政策，我也不可能成为升迁候选人。

打篮球没有出路，

在阿拉斯加也没做成油漆工，

最后居然能被一家在美国……

为什么我没被分派到……

✳ 没有激情和目标就出发

我竭尽全力融入公司文化。我身着得体的西装、衬衫和领带，我开始认真考虑销售问题。但是，我的内心对话仍然充满挫败感："也许我入错行了。也许我不是做业务员的料。"在我看来，问题的根源都在外部。否定性的内心对话是我的不良态度的表现，是一个深层问题的症状。

问题的根源不在于IBM，不在于我的老板，也不在于我的工作或同事，而在于我自己。就如我在前面章节中说过的，不良态度通常源于我们从一个阶段携带到另一个阶段的情绪垃圾。有时候，我们的负面态度并非历史的产物，而是对未来怀有恐惧感的表现。

当我们感觉自己陷入困境的泥沼而无法自拔时，就容易产生不良态度。随之，我们会陷入抱怨之中。我们开始挑剔周围所有的人与事。由此可见，敌人往往在自己心中。

很多时候我们陷入困境，是因为我们一开始就不知道路在何方。想想你认识的最快乐的人吧，无论是在你的学校、你的团队、你的办公室，还是你的家庭、你的社区，他们都是最积极、精力最充沛的人。他们可能来自不同行业，处于职业生涯的不同阶段，但他们极有可能存在两个共同点：有工作目标，有工作激情。

当我把目光锁定在进入IBM工作时，我的眼光非常短浅。我想得到安全感，想得到为国际知名公司工作的名声。尽管无法进入NBA，但没有放弃人生，我在继续寻找新机遇并努力追求它们。但是，我的眼光太短浅，我只想在IBM找个工作——别的没有了。无怪乎我一进入公司大门，就开始失望了。

✳ 活得有目标

我在IBM的经历是一个很好的案例，从中可以看出，改变态度可以改变人生。

当我的地区经理告诉我，现在我可以转入其他职位了，因为我已经在IBM的西雅图中心店做了近三年的营销代表。他说得对，我已经筋疲力尽。对我而言，这不过是一份工作，一份安稳可靠的工作，但是我几乎一点儿也激动不起来。我做得很一般，可以保住工作，不至于因表现太差而被辞退。其实这没有什么好吹嘘的，因为IBM当时仍以不解聘员工为荣。

我墨守成规地工作，不知道还能在公司中做什么其他的事情。我的自信心处于空前的低潮。幸运的是，公司里有几个人比我自己还了解我。由于我的销售报告写得很好，我获得了一项"卓越营销奖"，我的地区经理因此认为，我也许可以成为公司的优秀培训师。

IBM的培训师负责为新进职员开班讲授市场营销技巧和IBM产品的基础知识。我已经上过大多数的培训课程。我见过一些很棒的培训师，他们可以把毫无趣味的课程讲得兴趣盎然；我也听过另外一些培训师讲课，听他们的课就像坐等油漆风干，枯燥而漫长。所以，我很清楚被培训者需要什么，不需要什么。我的一位培训师朋友艾尔文·史密斯也认为我会成为一名好培训师。他把我推荐给了他的老板，这位老板与我的地区经理谈了话，邀请我在亚特兰大担任为期两周的客座培训师。

他们一告诉我这件事，我的消极内心对话就破门而入："在这么短的时间内，我能掌握那些技术性材料吗？我无法回答那些聪明新人的所有问题。"舒适的环境可能十分危险，令人贪图安逸。实际上，我做营销代表的工作，感觉并不是那么惬意。但不管我多么失败，我只是不想离开熟悉的地方，再去陌生的地方。再说那也不是我想去的地方，当然，我也看不到其他地方有什么特殊的诱惑。

我不满意自己当时的处境，但是我也搞不清我到底想做什么。我对自己的停滞不前愤愤不平，但又害怕变动。很多人都面临相同的处境，由于害怕变动，一直坚守着做得不开心、没有出路的工作。这里送给他们一句格言：如果你不早做改变，生活迟早会改变你。

这样的事正好发生在我身上。有一天，我的地区经理带我共进午餐，委婉地给我下了最后通牒。

一旦我的头儿把我从舒适环境中一脚踢出去，明确告诉我无论是否喜欢，我都得去亚特兰大，我马上清醒过来并改变了态度，我变成了"积极态度先生"。

我如期到了亚特兰大培训学校，我精神振奋。我决心不让任何一个学生在我的课上打盹儿、拼字谜或是写博士论文。我需要他们全神贯注，我会做到这一切。是表现的时候了，我就是主导全局者。当你要离开一个舒

适的地方并把态度转化为行动的时候，很多奇妙的事情就会发生。

当我站在一排排的IBM新人面前时，我知道自己找到了激情。

不过还有一个问题。就在我去的时候，IBM在亚特兰大并不需要培训师。当我告诉我的领导，我已经找到了我的目标与激情的时候，我却一头撞上了官僚政治的壁垒。"现在，那个职位没有任何空缺。除此之外，你知道IBM根据个人业绩晋升，而你的销售业绩还没有那么好。甚至你还算不上你们商店的优秀业务员。"

我已经准备收拾行李去佐治亚。但是，昔日的不良态度垃圾又回来了。更糟的是，一个新经理被派到了我们店，他告诉我，如果我的销售业绩无法提升，我可能得回到试用期。这个新经理没有看过我的档案，不知道我有培训师的指定工作，也不知道我因为目标与激情受阻而心灰意冷。

在新经理相信我不是一个游手好闲之辈前，一颗新的炸弹又炸响了。IBM卖掉了一些商店，准备退出零售市场。如果我还想继续留在IBM，我必须回去接受为期40周有关服务器销售的集中培训。基本上，他们要求我从零开始，如果我在培训班的表现不好，就有可能被踢出IBM。

开始上这门培训课程的时候，我十分气馁，但是培训环境中的某些气氛再次点燃了我的激情之火。我被培训师们的技能倾倒。有些培训师没有那么出色，但我从每个人身上都学到了一些东西。在零售店工作富于挑战性，在教室上课则令我精神振奋。它给了我一个新的努力起点，一个新的人生目标——成为IBM的培训师。

"学生准备好了，老师就会出现。"你听说过这种说法吗？我的新老板克瑞格·凯瑞斯年纪轻轻，刚进IBM时曾经在我手下接受培训。我们已经成为关系密切的朋友。作为我的顶头上司，他告诉我的第一句话是："这个公司没能发现你的才能，我会帮助你展现出来。"

纵观我在IBM的生涯，有一个团队一直在支持我。从进IBM的第一年开始，克瑞格一直是这个团队中的一员。从克瑞格成为我上司的那一刻起，我们就坐下来做了一项战略规划，以实现我成为一名培训师的目标。当时他正在负责一个大型的IBM产品发布活动，该地区的每个员工都要参加。经克瑞格安排，我成了发言人之一，以借此展示我的演讲技能。在短短20分钟的演讲时间内，我激起了所有到场听众的热情。如果你当时正站在会议室门外，肯定认为里面正在举行一场精神复活仪式。我让这些人站了起来，高呼"哈里路亚"！

唯一没有出席这次会议的是那个分店经理，他一直阻挠我成为IBM营销学校的培训师。当他度假归来，就接到了他的上司的电子邮件，询问凯斯·哈瑞尔究竟是何方神圣，为什么他没有主持每一次的产品发布会并教导别人如何去使用。

接下来的几个星期，我接到了一个又一个来自附近地区的经理们的电话，希望我能为他们做类似的项目。与此同时，由于克瑞格给了我前所未有的支持，我回到自己的销售区后，销售业绩也提升了。

我有了目标，有了激情，我处于加速运转中。该年度结束时，我的名字终于出现在晋升名单中，但是，那个分店经理再次阻挠了我。他坚持让我在一个大型服务器团队再干一年，他认为这样会有助于我积累职业经验。但是克瑞格早已在背后做过工作，向管理团队的其他经理们宣扬了我的才能。当分店经理阻挠我离开时，其他经理们都投了反对票，管理团队的其他人也支持我。他们看到我有了目标，有了激情，全都大力支持我的理想。

✳ 缺乏愿景使人迷失

你与那些可能帮助你的人分享过理想吗？写下你想做的事情，为谁做，为何做。然后，做个图表，标明你打算如何追求你的理想，这个"如何"将有助于你化态度为行动。不理解目标重要性的人总是容易碰壁。由于目光短浅，他们的人生态度很糟糕。他们与生活不同步，不知道自己到底想要什么，所以，当机遇降临的时候，他们往往还没有做好准备。

"你必须首先知道自己想要什么，然后才能开始追求。"把这句话写在你的手上，写在你卧室的天花板上，写在你的前额上（如果你习惯照镜子也可以写在后背上）。当你购物时，你是先把整个商场逛一遍，挑出你不要的，再买剩下的，还是你先知道要买什么，然后再找到它，买下它？为什么你在人生中就有所不同呢？为什么你在公司工作时、在球队打球时、在处理关系时或者过日子时，却没有目的、方向或者目标？一位伟大的智者、哲学家兼棒球手瑜伽·贝拉曾经说过："如果你不知道要到哪儿去，你可能随时随地夭折。"

没有目标的出行，就像没有地图、没有方向就想开车去一个新城镇的陌生地一样，你可能最终到达了目的地，但更多的可能是，你沮丧地把车停在一边，或者勉强接受一个"适当的"地方作为替代品。要避免到处兜圈子，你必须事先设定目标。

我们都有一些共同的目标。一旦食物、住所、衣服和有线电视等基本目标实现了，我们就会开始制订其他更符合天性与理想的具体目标。有了清晰的目标后，你就不容易消极。如果你怀疑自己正被消极态度牵着鼻子走，你就要适时地坐下来，拿出纸和笔，做一个小小的

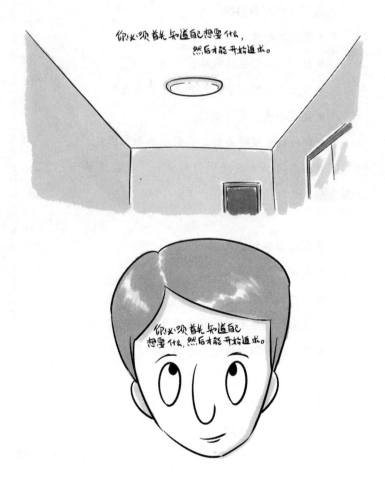

灵魂与目标的探索之旅。下面是一个态度快速评估表，用来检测你是否缺乏目标与激情。

态度评估表
产生负面内心对话的原因

在工作中没有目标

● 除此之外我无处可去。

● 为什么他们要扯我后腿？

● 为什么他们不能认可我的出色工作？

● 我完不成指定的业绩。

● 即使我表现得再好，他们也不会奖励我。

● 我并不介意我是否得到晋升，我在这里只是为了混饭吃。

在学校没有目标

● 我可以以后再学。

● 我的成绩都及格了。

● 我为什么要上课？我永远也用不到那些东西。

● 今天没时间去读这些东西了。

个人生活缺乏目标

● 我年纪太大了。

- 是这样吗？
- 看来我还不了债了。
- 看来我跑不到前头了。
- 我太年轻了。

如果这个自我对话表上的任何一条听起来比较熟悉，那就说明，在这些领域的一个或更多的方面，你可能缺乏目标，更别提激情了。你会注意到，在这些片段的对话中，存在着许多抱怨与责难的成分。当你听到你的内心对话中出现了类似的声音时，不良态度的警钟就该响起。那都是一些早期的预警信号，表明你已经放弃了为自己人生负责的基本责任。

目标只是一种手段，它敦促你为自己负责，提醒你化态度为行动。达成目标固然是非常重要的，但这只是人生的一个组成部分，除此之外，你的人生质量，你的人生理想，以及当你追求和达成目标时对他人生命的影响，也是同样重要的。

✳ **重要的是过程，而非结果**

当我在高中打篮球的时候，我领会到了这句话背后的真义。当我所在的高中篮球队获得了全州冠军时，我突然领悟到，我们获得的真正奖励并不是冠军的称号和奖杯，而是整个赛季中与队友们朝夕相处的人生经历：我们在一起努力打球，共同进步，赞赏每个人为比赛胜利所作出的贡献。我总觉得我们在努力做着某些事情。这种一切都在控制之下的感觉，使我充满了生机与活力。

当我开始为IBM工作时，我还没有花时间找到我的目标与激情所在。我并未对我的人生负责，我只是在寻找栖身之处。我刚刚失去对篮球的激情以及进入NBA的理想，尚未从失望中走出来。

有些人非常幸运，他们很早就了解自己的激情所在，然后确定下人生目标并全力以赴。他们通常是很有才华的人：作家、音乐家、运动员、歌唱家、机械师、大厨师，等等，他们的天赋容易引导人生的目标。

当我失去了打职业篮球的机会时，我以为从此就没有了目标和激情。在我认识到我并没有失去它们而只是放错了地方之前，我已经失望地在IBM晃荡了很多年。

回顾过去，我可以看到，曾经有一两次，我几乎发现了自己的激情所在。在我被指定担任客座培训师的前一年，在一个周五傍晚，我正在上班，接到了一个IBM经理的电话，她快急疯了，因为就在那个周末，有一场专门为500名少数族裔的高三优秀生举办的"职业介绍日"活动，这些学生在数学和科学方面都很杰出。原定要出场演讲的IBM代表是一个系统工程师，因为家里突发急事而不得不退出。他们需要一个替代人选，她问我是否愿意去。

我的第一反应是："找我？我在大学又不是科学或数学专业的。"然而随后我就明白了，他们找我无外乎有两个明显的原因：

第一，今天是周五。其他人可能已经下班，或者已经有了周末的安排。

第二，这是一个面向少数族裔的职业介绍日活动。

基于这两项标准，我是这个工作的合适人选。我没有拒绝的好理由，我也知道这会提升我在IBM和这个圈子里的形象。"职业介绍日"将于次日上午9点到中午在华盛顿大学的校园里举行。第二天早上7点我就心事重重地醒来了，我打电话给我在IBM最好的朋友拉尔夫·拜安科，请教他我该说些什么。他建议我讲讲我的人生故事，讲讲我如何希望打职业篮球，如何参加选秀失败，然后又如何为进入IBM工作做准备。"这是一个关于胜利与迷失、寻找与机会的精彩故事，你为什么不谈谈态度呢？你总是在谈论它的作用。"拉尔夫说。

当我抵达职业介绍日的现场时，我碰到了我的高中数学老师罗伯特·李，他正好是这项活动的主办人。他看到我很高兴。其他的演讲人一个个都是大人物：地方名流、政府官员，以及众多领域的实业界人士。每个人有20分钟的演讲时间及5分钟的问答时间。我被安排在后面演讲，所以，我先在礼堂的后排坐了下来。前面的几位讲得非常激动人心，于是我开始做笔记。我的收获显然比孩子们要多，我看不到他们有谁在做笔记，绝大多数人看起来百无聊赖。我越听越激动，因为还没有人真正谈到我想谈的内容。

　　随着上台时间的迫近，我的肾上腺素开始在体内奔流。就在我准备上去演讲前，出现了一个小小的意外：

　　于是，我滔滔不绝地讲了30分钟。我告诉学生们，我已经了解了自尊、激励和态度的力量，我已经整装待发。

　　当我的演讲结束时，他们全体起立，热烈为我鼓掌。一位女士走过来说："你让我想到了几位在安利公司大会上发表演讲的励志演说家！"

✦ 给梦想设定一个期限

出席了那次职业介绍日后，我的演讲欲被激发起来。但是，我并未带着这种激情去做更多的事情。我还没有这样的眼光，不知道我可以利用这种善于演讲的天赋做些什么。我也没有把这种激情与任何目的或目标联系起来。直到一年多后我才明白，我可以把我对公开演讲的热爱设定成一个目标：成为IBM的培训师。

是确定目标并把自己的激情导向目标的时候了。从今天开始做出改变，能够让你明天如愿以偿。要敢于梦想，然后再为梦想的达成设定期限。

今天，抽出一段安静的时间，记录下你的人生梦想吧。你喜爱做什么？什么事儿让你乐在其中、废寝忘食？你比你认识的每一个人更擅长什么？这个梦想不必像弹竖琴或建摩天大楼一样那么伟大、那么独特，你的才华也没有必要和你的激情强度成正比。

我永远也不会成为像小马丁·路德·金那样的演说家。但我可以尽力成为上帝所赐予我的样子。我也鼓励你这么做。或许你拥有音乐天赋并希望与别人分享，这样就有许多途径可供选择，包括演奏、教学、作曲、录音、出版、销售，或者为音乐天才出传记。

当你明确了自己的目标和激情所在时，还要为它设定一个完成的期限，不要让它变成缥缈的空想。你不要说："我想很快就赚大钱。"这无助于达成任何目标，相反，你要用准确的金额和日期来设定赚钱目标，越具体越好。

一旦你确定了目标，还要在清单上列出你可以在短期内达成的一系列小目标，这些小目标将引领你一步一步地达成大目标。这些小目标也要设定完成期限。如果你的目标是回学校读MBA，就先定下小目标去筹措学费或申请奖学金，其他的小目标可以是选择学校，索取、填写并寄发申请表，确定选修课程等。如果你的目标是在工作上获得升迁，那么小目标可以包括想要升迁的职位，与上司谈话并商量如何去做，然后再把这些相关任务分解为更小的目标。

设计一份职业生涯计划表

第一步，写下你的长期职业目标后，列出一系列需要逐步晋升的职位，列出每个职位的具体薪资数目。

第二步，设定为履历加分的小目标，比如更高的学位、特殊的训练、项目的规划方案或者管理的经验等，为晋升下一个职位做好准备。

第三步，为每组目标和小目标设定完成期限，最开始是1个月，然后是3个月，6个月，1年，3年，5年，8年，10年。

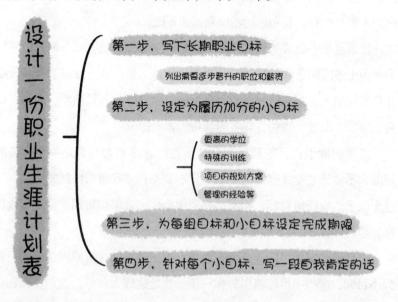

设计一份职业生涯计划表

第一步，写下长期职业目标
　　列出需要逐步晋升的职位和薪资
第二步，设定为履历加分的小目标
　　更高的学位
　　特殊的训练
　　项目的规划方案
　　管理的经验等
第三步，为每组目标和小目标设定完成期限
第四步，针对每个小目标，写一段自我肯定的话

第四步，针对每个小目标，写下一段积极的自我肯定的话（我会在第七章告诉你怎么做），说明这个小目标的重要性，以及它如何帮你接近长期目标。

下面是一份蓝本，帮助你设计自己的职业生涯计划表。

大卫的目标是在10年内成为地区销售总监。作为一个刚刚毕业的大学生，他需要从公司的最基层干起。

首要的长期目标：晋升为地区销售总监

第一步，销售助理（Sales Associate），年薪3万美元。
预计用时1年。

1个月的目标：顺利完成培训课程。

自我肯定：我是班上最好的学生，因为我很专心，每天晚上练习销售报告的撰写。我总是乐于帮助他人。

3个月的目标：超过销售定额5%。

自我肯定：我要搞一个连续性的直销活动，超过公司的销售定额。

6个月的目标：晋升为销售代表。

自我肯定：我是一个很棒的销售代表，因为我能提供出色的客户服务。

第二步，销售代表（Sales Rep），年薪4.5万美元。
预计用时1年。

1个月的目标：顺利完成训练课程。

自我肯定：能成为一名销售代表我很激动，因为我可以像经营自己的事业一样经营我的业务范围。

3个月的目标：了解所有的销售产品，制订事业计划。

自我肯定：我是一个博学的销售代表，因为我一直关注最新的科技发展动向。

6个月的目标：在分店找一位老师或教练，帮助我提高销售技能。

自我肯定：我有一位很棒的老师或教练，可以教给我先进的销售技能，可以助我成功。

1年的目标：在6个月内超过公司销售定额的10%。

自我肯定：好好利用分店的资源，我能够完成10%的超额目标。

第三步，营销代表（Marketing Rep），年薪5万美元。
预计用时2年。

1个月的目标：超过销售定额15%。

自我肯定：通过了解客户的产业与商业需求，我可以为客户提供卓越的服务。

3个月的目标：参加外部培训课程，帮助我理解客户的工业需求。

自我肯定：我会成为一个产业专家。我的客户会把我视为顾问，因为我能给他们的企业带来价值。

6个月的目标：培养领导和管理技能。

自我肯定：我是一个有能力的团队领导，我能明智地管理我的时间和资源。

1年的目标：获得"卓越营销奖"（Marketing Excellence Award），大幅超越营销定额20%。

自我肯定：我是本地区最好的营销代表之一，将被提升为咨询代表。

第四步，咨询代表（Advisory Rep），年薪5.5万～6.5万美元。预计用时1年

1个月的目标：成功完成商业计划，制订营销定额，管理新领域。

自我肯定：我已经完成计划。我会超越营销定额，管好我的领域。

3个月的目标：提高我的技术水平，增强我的谈判与沟通技能，确定我作为分店领导的地位。

自我肯定：我是一个高效的沟通者，一个很棒的谈判者，一个本地区的技术资源库。

6个月的目标：增强我的产品销售技能、商业管理技能，学习更多有关企业财务方面的知识。

自我肯定：我会提高我的财务与销售技能。

1年的目标：为了晋升，我必须扩大销售区域，向大客户群销售更多高端产品，获得给完成销售定额者前10%人员颁发的"金环奖"（Gold Circle）。

自我肯定：我会有效管理一个更大的销售区域，超越我的销售定额的25%。

第五步，地区代表（Regional Staff Position），年薪7万～7.5万美元。预计用时1年。

1个月的目标：学习作为一个地区代表应了解的商业管理基本知识。

自我肯定：我将成功地在地区代表的位置上从事商业管理。

3个月的目标：阅读所有的行销计划，确定出需要执行的计划。

自我肯定：我所支持和管理的计划，将有助于本地区、各分店和代表们完成营销定额。

6个月的目标：引进一种可以使业绩翻番的新营销计划。

自我肯定：我的新计划已经有效地帮助本地区营销额翻番。

1年的目标：达成所有目标，使我可以晋升为营销经理。

自我肯定：我是一个很棒的营销经理，因为我以人为本。

第六步，营销经理（Marketing Manager），年薪8万~9万美元。
预计用时2年

1个月的目标：认识我手下的所有团队成员，了解他们的技能、需求和职业目标。

自我肯定：我是一个很棒的营销经理，因为我了解手下所有成员们的需求。

3个月的目标：有一份可靠的商业计划，了解各团队各部门如何制订营销定额。

自我肯定：我拥有所有制订营销定额计划所需的工业、会计、客户信息与相关资源。

6个月的目标：营销额翻番，开支削减，在本营销区的各种商业评估中名列前茅。

自我肯定：我和我的团队在本营销区的各种商业评估中领先。

1年的目标：超过营销定额30％。无论在内部或外部的评估中都领先于国内的其他经理人。

自我肯定：我更聪明地工作，而不是更辛苦地工作。我把团队成员和客户放在第一位。我真诚地做正确的事情。

第七步，地区销售总监（Regional Director of Sales），年薪11万~12万美元。

预计用时2年

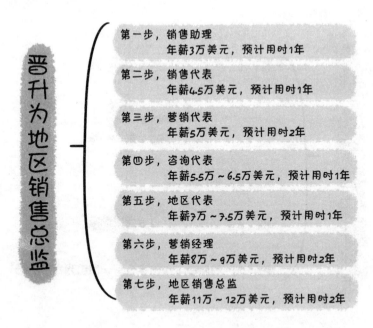

设计一份个人生活计划表

写下你个人生活的主要目标后，好好思考一下你想成为什么样的人，你想生活在什么地方，你想要什么样的生活风格。一步步地列出你的所有目标，可以帮助你执行计划，逐渐成长。

然后，列出那些可以丰富你的人生并为你的人生增添价值的小目标，例如，加强健身，更善于面对个人挑战，这些课程或经历都可以提升智力、悟性或灵性。

为每个目标设定完成期限，开始是1个月，然后是3个月，6个月，1年，3年，5年，8年，10年。

针对每个小目标，写下一段积极的自我肯定的话，说明这个小目标为何对你很重要，以及它如何帮你接近长期目标。

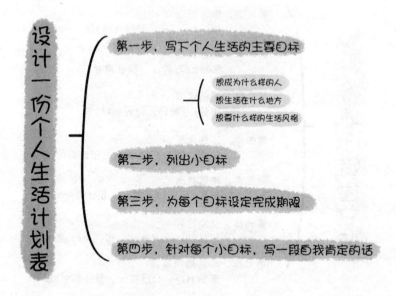

下面是一份蓝本，有助于你设计自己的个人生活计划表。

刚从高中毕业不久，帕特开始在加利福尼亚一家大型零售公司的办公室工作。她的人生目标之一是获得更高的学位以便能进入史密森博物院（Smithsonian Institution），成为博物院旗下的博物馆馆长之一。她已经设计了一个10年人生计划表，其中包括四大长期目标。

主要的长期目标如下：

第一，获得艺术史学士学位；

第二，与家人和朋友共度美好时光；

第三，搬到华盛顿特区（Washington，D.C.）居住；

第四，成为史密森博物院的馆长。

第一年

1个月的目标：与人事部职员商量学费补贴事宜。

每月至少两次到博物馆和美术馆看展览或听讲演。

每周留出一个晚上、每月留出一个周末与家人度过"特别"时光。

开始选择大学。

自我肯定：我很幸运，有家人和单位支持我继续学业。

3个月的目标：订阅艺术刊物。

自我肯定：我很乐于与家人分享我对艺术的热爱。

6个月的目标：注册选修快速阅读课程和研究技能课程。

自我肯定：离开学校15年后我准备重返校园，同时继续工作，因为我懂得最大限度地利用时间。

1年的目标：每年在社区大学修完15个学分的一般教育课程，直到修完60个学分为止（大约需要4年）。

第三年

1个月的目标：在地方博物馆担任志愿者，以便更多地学习博物馆的管理与运作技能。

自我肯定：我是一名热情的志愿者，因为我对展览及相关材料都很熟悉。

3个月的目标：在华盛顿特区，展开为期一周的家庭度假活动。

自我肯定：在追求搬到华盛顿特区的目标之余，我还能够与家人一起度过快乐的时光。

6个月的目标：把可选择的大学的范围缩小到三个，以获得学士学位。

自我肯定：我会选择合适的学校，它能提供最好的学习机会。

1年的目标：在一家艺术博物馆实习。

自我肯定：我是一个热情的实习生，每天都可以学到新东西，这有助于我的专业进步和个人成长。

第五年

1个月的目标：转学到四年制大学，提前获得学位（计划18个月）。

自我肯定：我是班上最好的学生，因为我阅读了所有的指定读物，并做好了讨论的准备。

3个月的目标：腾出更多的时间学习——每天上午5-7点，晚上9-11点。

自我肯定：我是辛苦的上班族，要挤出时间来满足我的教育、家庭和专业需求。

6个月的目标：申请博物院的工作。

自我肯定：我是一名值得依赖的管理人员，有组织性，机智灵活，能随时关注并掌握本领域最新的发展情况。

1年的目标：在华盛顿特区开展为期一周的家庭度假，庆祝大学毕业。

在华盛顿特区申请博物馆的工作（在第六年和第七年，帕特和家人移居华盛顿特区，在那里她恢复了学习生活）。

第八年

1个月的目标：拿下博物馆研究的硕士学位。

自我肯定：我将专心致志，努力学习以获得硕士学位。

3个月的目标：发表我的硕士论文《论当代的西部非洲艺术》。

自我肯定：我将根据我的研究生论文举办一场巡回展览。

6个月的目标：在加纳举行为期两周的家庭度假。

自我肯定：我是一个体贴的、有爱心的妻子和母亲，我经常与家人团聚。

1年的目标：在马里兰的银泉市买房。

自我肯定：在力所能及的范围内，我会在马里兰的银泉市买下一套三居室的房子。

第十年

1个月的目标：在塞内加尔和象牙海岸开展研究计划。

自我肯定：我正为一部探讨该地区新兴艺术潮流的纪录片，按年记录重要信息。

3个月的目标：与家人一起在西非度长假。

自我肯定：我真的很幸运，拥有一个爱我并支持我的家庭。

6个月的目标：参加美国国家博物馆中的非洲艺术馆5周年庆祝活动。攻读非洲艺术博士学位。

自我肯定：我是一个充满热情的学生，会抓住每一次机会来满足我对知识的好奇心。

1年的目标：晋升为当代非洲艺术博物馆的馆长。

自我肯定：我会晋升为馆长，因为我对塞内加尔艺术、象牙海岸艺术和加纳艺术有深入的研究。

作为积极的强化措施，我建议你每周至少重读计划表两次。你每这样做一次，就可以将这些目标更深地植入潜意识之中，而你的意识会根据你的潜意识行动。

有了预定目标，就可以让你非常轻松地应对变化，但是，保持计划的弹性也很重要。谨记变化之中还有变化。我有一个在图文信息产业工作的朋友告诉我说，他们所做出的每一个决定都像"退潮时写在沙滩上的字"，无论今天做的是什么决定，明天都可能发生变化。就像随着潮水回涨，沙滩就会被冲刷干净一样。你的目标也会随环境的变化而变化，所以，保持计划的弹性非常重要。

约翰·威廉姆斯在他的《潜意识的智慧》一书中，指出了我们均须牢记的潜意识的四种力量：

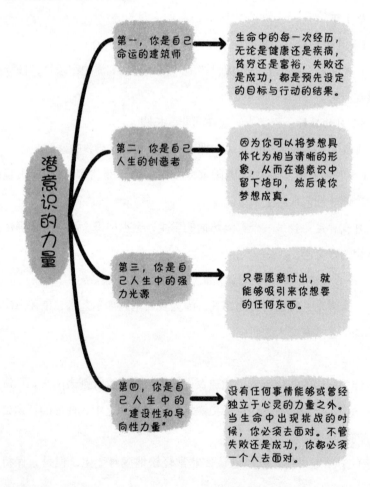

潜意识的力量

第一，你是自己命运的建筑师 → 生命中的每一次经历，无论是健康还是疾病，贫穷还是富裕，失败还是成功，都是预先设定的目标与行动的结果。

第二，你是自己人生的创造者 → 因为你可以将梦想具体化为相当清晰的形象，从而在潜意识中留下烙印，然后使你梦想成真。

第三，你是自己人生中的强力光源 → 只要愿意付出，就能够吸引来你想要的任何东西。

第四，你是自己人生中的"建设性和导向性力量" → 没有任何事情能够或曾经独立于心灵的力量之外。当生命中出现挑战的时候，你必须去面对。不管失败还是成功，你都必须一个人去面对。

✳ 制订一份完整的行动策略

在我小时候打篮球时，我就制订了一份行动策略以提高我的篮球技能。第一步，我要寻找与别人的差距，我要考虑成为什么样的球员，以及如何达成目标。显然，在这些方面我需要专业的建议，比如教练能为我指明发展方向、评估专业技能。我的父亲也给了我很大帮助。当我还在练习篮球的基本功时，他就鼓吹"实践出进步"的主张，并尝试通过多种途径建立我的自信心与自尊心。他还鼓励我加强体能训练以应对比赛，所以，我的身体非常强壮，无论攻防都能给对方造成威胁。

为了鼓励我，父亲做过一件很有趣的事情，他将设置在车道上的篮筐从10英尺的标准高度降到8英尺。因为他注意到，投标准高度的篮对我来说很吃力，当时我投篮就像掷铅球一样，而不像是在投篮。因此，他降低篮筐高度，有助于我培养正确的投篮姿势。随着我的身高和体力的逐渐增长，他也逐渐升高篮筐高度，以便我及时做出动作调整。

为了让我成为一名更优秀的球员，我父亲用同样的方式帮我制订行动计划。他先帮我设定了一些力所能及的小目标，以防止我产生受挫情绪和急躁态度。当我达到了那些小目标或完善了那些技能水平时，我们就会设定出新的目标。此外，我开始观看大学篮球比赛和NBA职业篮球比赛，以加强对篮球运动的了解。就是在观看比赛时，我发现了心目中的第一位篮球英雄，他成了我的榜样。每个人都需要榜样，因为他们为你开拓了同样的道路，达成了同样的目标，他们给你指明了前进的方向，带你走过了实现梦想的必经之路。

在选择篮球榜样时，我采用了一种逐渐变化的方针，即随着身高的变化改变榜样的人选，通常是转换到身高与我相同的球员身上。当我六年级长到6英尺2英寸时，杰里·韦斯特是我心目中的偶像。当我长到6英尺4英寸时，榜样变成了皮斯托尔·皮特·马拉维奇。我细心钻研他们所打位置的动作，这为我的进步提供了很大帮助。

我的榜样策略并不仅限于观看他们的职业篮球比赛，我还阅读他们的相关资料，想更深入地了解他们究竟有多棒，想更深入地了解他们如何取得了今日的成就。很多人研究并崇拜成功人士，希望取得同样的成就，但并不了解他们为获得成功而经历过什么挑战，超越过什么障碍，做出过什么准备，付出过什么代价。一旦我知道了榜样们为巨大的成功做过什么，我就知道了我必须做什么，必须为成功付出什么样的代价。

我研究过我的榜样们。从书中我读到，皮斯托尔·皮特·马拉维奇练篮球时，把篮球当做女朋友，给它取名字不说，还带着它到处走，连看电影都球不离身。于是我也把自己的篮球叫做"黛安娜"。

马拉维奇在体育馆熄灯后练习运球和投篮，这样就可以凭感觉和本能打球，而不是盯着篮球和篮筐打球。我也同样这么做了。我母亲称之为"海伦·凯勒训练法"。马拉维奇打球时还能左右开弓，所以我也开始用左手吃饭、刷牙、梳头，锻炼左手的协调能力。现在我的老同学们终于可以明白，为什么当年我的衣服上总是粘着饭粒了。

在青少年时期，我把大量的精力投入到篮球之中，因为它是我的激情所在，目标所在。我想成为全美的高中明星球员、大学明星球员和NBA明星球员。当我奋力追求这个目标时，我一直保持着最佳的态度。高中时，人们说我太瘦了，难有多大成就，但是我成了全美高中明星球员。我想我成功的关键是，在我父亲的帮助下，我制订了一套攻守兼备的全面性行动策略，它使我一直保持着积极的态度和高度的自信。

态度调节表

我为什么要出生？我是谁？从现在开始，我想为我的人生做些什么？为了找出目标与激情所在，我必须回答这些问题。

有目标和激情的态度是威力无穷的。

为自己设定理想，有助于把态度转化为行动。

我想做什么？我该怎么去做？这样做是为了谁？为了什么？

人的一生中有两个伟大的时刻：一个是你的出生时刻，另一个是你发现自己为何而生的时刻。

第 六 章
警告：挑战随时出现

步骤6：积极主动，未雨绸缪　本步骤帮助你理解未雨绸缪的重要性。在不可预知的困难、灾难和恐惧面前，只要永不放弃、决不后退，你就能克服一切困难。这是帮助你把态度转化为行动的必需心态。

ATTITUDE
IS EVERYTHING

挑战随时出现

- ◆随时清除精神垃圾
- ◆无惧负面想法，依然掌控一切
- ◆未雨绸缪VS什么都不做
- ◆直面恐惧
- ◆靠信心引领
- ◆通过挑战，胜利在望
- ◆回应与反应

多年前，一个有八百多人参加的IBM大型会议即将在旧金山闭幕，我应邀成为演讲人之一。当时，我还在IBM工作，能够应邀在同事（包括我老家西雅图的代表）面前发表演讲是很荣幸的，我非常激动。我希望好好准备，也需要好好准备。我花了两周半的时间准备我的发言，练习声调，推敲开场白、主题、正文、题材和结束语。

做完这一切准备工作之后，我的情绪被调动起来了。我兴奋得连从家里到机杨的路程是怎么走的都忘了。在机场停好车后，我一路跑向换票柜台，结果被告知飞机要延后四个小时才能起飞。有些人可能因此而表现出负面态度，我却把它看做机遇，可以多练习四个小时。而我确实也这么做了，在候机楼走来走去大声练习。正在我练习的时候，一位年长的女士走向我：

这正好是我所需要的鼓励之语。

终于到登机的时间了。我坐在一位先生身边，四个半小时中他一言不发。他不能这样啊，我就一路上激励他。当飞机着陆时，他突然起身为我热烈鼓掌："我从未与一个励志演说家同机飞行，但你已经把我鼓动起来了！你会做得很棒的。"

　　我向他道谢后匆忙走下飞机，仍然心潮澎湃。我与接机员在门口会合了，她立即注意到了我的激动情绪，并询问我飞行途中是否愉快。

当我们到达会场时，费尔兹女士正在作总结。会议主办方问我是否想进去听听她的总结，我谢绝了。

不知道这意味着什么，不过，如果这是件好事，我宁愿摔断两条腿。我开始在酒店休息室踱步，并告诉自己："不要害怕费尔兹女士，你知道你要做什么。"

突然间，我听到了听众们的欢呼声。一个声音钻进了我的脑海：

"噢，她真棒。"三分钟后，我看到有两个人离开了会场，边走边吃着巧克力薄片饼干。我告诉自己："喔，你该不会什么吃的都没带吧。"正在此时，一个朋友走向我，对我说了如下这些"鼓励性"的话："我在节目表上看到你的名字了。噢，凯斯，你必须排在费尔兹女士之后出场吗？我会为你祈祷的，因为我不认为你也能那么棒。"

在短短几秒钟内，我的情绪一下子从高峰跌入了低谷，积极的内心对话自动转变成了消极的声音："算了吧。他们不想听你说了。他们想回家。你什么饼干都没有带。人生中谁都有失败的时候，今天轮到你了。"

　　我相信，有一位心灵的导师住在我的心里。我相信你也有。当日子艰难、生活遭灾时，向你的心灵导师求助吧。站在酒店休息室的中间，我大声喊道："住嘴！你熬夜两个半星期、飞行四个半小时之后到达这里，不能失败。你会成为一个蹩脚的费尔兹女士，但你会成为这个世界上最好的凯斯·哈瑞尔。在这里你很重要，开始工作吧。"

　　我进入会场，来到幕后，做好了一切准备，等着冲向中央通道。大会主席正在介绍我的履历，我非常激动，踱来踱去。他仍然长篇大论地介绍个不停。我快失去耐心了，"快点儿！"我大声喊道。坐在我右边的一位女士生气地看着我："噢，你是下一位演讲者啊？我为你感到惋惜，你不得不排在费尔兹女士后面，而她是那么棒。"

　　我骄傲地俯视着她，说道："让我告诉你，不要为我感到惋惜，我之所以排在她的后面，是因为她不能排在我的后面。你最好坐稳了，系好安全带，因为我要出击了！"

　　我跑下通道，跳上讲台，发表了我有生以来最棒的一次演讲：台下听众激动万分，费尔兹女士输得心服口服。

　　态度决定一切！

随时清除精神垃圾

那天，在我等待向公众演讲的时候，到底是什么原因让那些消极思想在我的心中开始奔腾？即使别人并无恶意，但这些话仍然作为负面信息进入了我的心灵，开始吞噬我的信心。我没能做到不去胡思乱想以保护我的耳朵，还是让精神垃圾进入了我的心灵。

就像每天都要从家里清除垃圾一样，我们必须及时清除心灵中的废物。

任何时候，如果你发现负面信息进入内心，或者产生了精神垃圾，你必须下定决心，清除垃圾，并有意识地努力将其拒之门外。心灵中的垃圾影响你清晰思考、正确决策的能力，使你脱离正常轨道。

如果日积月累，心灵中的垃圾往往越堆越多。这种精神废物听起来似乎是这样的："你永远也得不到那个晋升机会"，或者是"你还不具备必需的成功条件"。你一定要把这些内容视为错误信息，并拒绝放在心上。

我发现，一个肢体动作可以帮我清除态度垃圾。我把手放在额头上，做出擦掉垃圾的动作，同时配以声音"呜——"，我再把清出脑海的垃圾形象化，把它扔在地上，然后用脚踩在上面。无论你脑海中的垃圾是旧是新，都可能正在拖你后腿。是清除垃圾的时候了，行动起来吧！

✳ 无惧负面想法，依然掌控一切

旧金山演讲的结果还是不错的，但在生活中，来自别人和自己的负面评价都是危险的表现，有可能导致我们的失败，摧毁我们的意志力，而我们又需要意志力来保持精神的专注，保证一切都在掌控之中。

你一定要明确自己的目标，警惕态度是否发生恶化。当你越发认清生活实质就是要面对一系列的问题时，你就能理解，问题不再是问题，它只是一种标志，它让你认识到，与理想相比，你现在处在什么位置。

学会解除小麻烦是保持积极心态的重要步骤。在一个冬夜，圣诞晚宴后我开车带我的祖母和失明的堂兄迈克尔回家，正在行驶的时候，我听到了像爆胎般的巨大声响，而且这次我肯定没听错。

我们都会面对生活中的很多小麻烦和小危险。我们曾经把多少精力浪费在无关紧要的小事情上，而没有能面对挑战继续前进？记得有一次，我乘坐的航班严重晚点，我也已经筋疲力尽。我一门心思想赶快回家。两周之前，我把我的新车停在机场的停车场内，当时我急于进入高速公路。当我转动点火器的钥匙时，却没有任何动静。是电池出毛病了。这出乎我的意料，尤其这还是一辆新车。不过人生也是这样，意外的情况经常出现。我们处理良性与恶性变化的能力就显得非常重要。如果你碰到些小烦恼就紧张不已，那你就更没办法很好地应对灾难性的变动了。

✳ 未雨绸缪VS什么都不做

这就是我为什么相信要未雨绸缪、积极主动的原因。"未雨"（Pre）意味着在事情发生之前预作规划，"绸缪"（Active）意味着把计划付诸行动。就像参加考试一样，你知道有些事情必须去做，必须去好好准备。未雨绸缪，你就能在困境出现之前有所准备。尽管我没想到新车的电池会出毛病，但我是道路急救服务的会员，有后备箱中的电源跳接线，有电量充足的手机。因为有这些准备，我可以在压力最小的情况下控制住局面。

就像我们凭经验知道，压力是难以避免也无法避免的，但是，你可以做到未雨绸缪并与压力开战。决心在生活中的各个方面都预做准备，可以让你获得巨大的力量。当你能做到未雨绸缪时，你就学会了在事情发生之前为自己负责，你就能在压力重重的环境中轻松自如地昂首向前。

最近，在机场这个对我来说特别熟悉的地方，我有了未雨绸缪、预做准备的时间。我的演讲日程非常忙碌，我在天上飞的时间和在地上走的时间基本持平。谁都知道，这种旅行方式充满压力，在日程变更、飞机晚点的情况下更是如此。

在那个特别的日子，我发现我的旅行计划因为天气原因而延误了。那不是一般的天气，而是台风。如今，台风不像其他的自然灾害那样突如其来，比如，地震没有任何前兆，龙卷风也好不到哪里去，但台风在登陆之前较长时间就可以被预报出来。我知道台风就要来了，而且我知道几天之内我必须赶一趟航班。常识告诉我，台风会导致商业航班的取消。我想我可以提前一天出行，这样就可以避免卷入这种机场混乱之中。对我来说，重新安排出发时间应该是未雨绸缪的举动，但是，我当时什么都没有做。

你可能已经猜到了，当我到达机场的时候，所有的航班都被取消了。不过，我并没有很大的压力，还趁机做了些未雨绸缪的准备工作。当其他的旅客们怒气冲冲地站在那里，不停地抱怨对天气束手无策的机票代理商们的时候，我决定给万豪国际酒店集团打电话预订房间。即使那天我飞不到任何地方，我也能早点找个舒适的地方晚上睡觉。总之，我把机场和抱怨者抛在脑后，有效地利用了我的时间。当我第二天从酒店回来时，那帮旅客还在那里抱怨呢。由于当地所有酒店的房间都被订完了，他们只好在机场的椅子和地板上睡觉。而我，由于早做了准备，休息得非常好，精力充沛地等待出发。

从人生的大范围看，这次的航班取消只是一件小事而已。人生中经常出现我们无法控制的灾难性挑战，如龙卷风、地震、台风、心爱之人的死亡、出乎意料的疾病、配偶的不忠、随机的暴力事件等，都是其中的例子。它们都是人生经历的组成部分，特别是自然灾害，不管你生活在什么地方，它们都是无法逃避的。

1989年，旧金山的洛马普瑞塔发生了一场地震。数年之后，我的一位朋友回想起来，当时的情景仍然历历在目。她告诉我，当地震发生时，她正在自己的学院为预科生主持一场招待会。那是令人恐怖的15秒钟。当地震结束后，有67人死亡，三千多人受伤，一条主要的高速公路坍塌，一百多条公路被封闭，旧金山海湾大桥被震塌，八千多人晚上无家可归。

以前我也经历过地震，但这一次不一样。因为从小到大一直都听说地震的情况，我了解常规的逃生措施：站在门口，躲在桌子底下，留一条逃生通道，备一个地震工具箱，里面放上手电、电池、小收音机、食物、瓶装饮用水等东西。凯斯，我基本上做到了你所说的未雨绸缪。我还在学校甚至教堂按要求练习过。那天，我知道仅仅一个门口并不管用。与所有的下一个"最重要的措施"相比，我仍然没有准备好。

地震发生时，没有预警，也没有什么机械装置能测定灾难何时来临。其实，生活中的很多灾难都是这样——损失惨重，无法预测，无法控制。

在这里，求生是我的动力。等我让每个人都离开建筑物，自己也回到办公室时，整个校园一片残破的景象。我上了自己的车，勉强地往家开。我不知道期待着什么。当我到家时，我发现邻居站在外面，不敢进屋。一条燃气管线破裂了，大家正在等待急救人员的到来。我走进屋里，快速地查看了一下屋内的损失，收拾了一点儿家当，打电话叫我父母和一个朋友来接我。我害怕一个人待着。当时我没有闻到瓦斯味儿，但听到了房子摇晃时发出的嘎吱声。接下来几天，我们又经历了数百次余震。

不管你是否经历过地震、离婚或者其他任何的大灾难，"余震"都是无法避免的。余震是在最初的灾难似乎已经结束后持续发生的破坏或巨大的麻烦。地震过后会有重建、理赔、干道绕行、交通延误等问题。离婚后则存在财产分割、监护权争夺、情感挑战等问题。

> 我一直以为我的家是一个安全的地方，但是灾难却能让熟悉的、可信赖的家变得不安稳、不适合居住。我与朋友们在一起待了两个夜晚，在那个周末，我回去工作了。其实我们的办公室正在学校对面重建，我没有什么事情可做。不过只要能够和同事、学生们在一起，我就能安心。
>
> 在回家的途中，我停在一家商店门前，准备补充一下我的地震工具箱——手电筒、收音机的电池、瓶装水、急救箱的补充药品等。我把应急款从ATM机中取出来，买了一部手机。我决定为下一次的地震做好万全准备。

灾难性的事故能完全让你的生活脱轨。当灾难发生、当你感觉生命无法自主时，重建生活常态就变得非常重要。它们可能非常基础非常琐碎，比如每天在同一时间起床，有一段时间可以去沉思、祈祷或饮食。惊吓还在徘徊不去，记忆依旧鲜明，但是你可以逐渐适应并最终恢复常态。从人生的地震和台风中复原的程度，决定着你面对下一场余震或风暴的能力。

让我们看看我的朋友面对灾难性环境是如何控制自己的吧：

- 把恐惧当成动力，并采取行动；
- 支援其他身陷危境的人；
- 与别人分担她的忧愁；
- 省察内心对话；

- 未雨绸缪，为下次灾难做好准备；
- 寻求他人的支援；
- 保持生活常态，有助于把态度转化为行动。

✳ 直面恐惧

无论危险是大是小，能否预知，通常外在的能够妨碍我们行动能力的那种情绪，就是恐惧。有一位女士向我讲述过她的惊险飞行故事：

我必须回东部参加一系列的会议和谈判。那天，我要从波士顿去纽约，但我无法决定我是开车走还是坐飞机——我有飞行恐惧症。当我归还租来的汽车后来到登机口的时候，我才发现航班延误了，还不确定要拖到什么时候。每过一个小时，我就告诉自己，没有什么好担心的，可能只是我惯有的飞行恐惧症在作怪。但当飞机终于开上停机坪的时候，这种自我安慰仍然没有什么作用。那是一架12座的小型飞机。我实在是不想登机，但还是强迫自己在最后一刻上去了。我讨厌飞行，但我却接受了一份每年得出差四个月的工作。在理智上，我始终相信必须正视恐惧。多年以前，我曾做过一次催眠治疗，看它是否对我有所帮助。有段时间它还有效，但是，我这种对飞行的恐惧感从未彻底消失过。

我开始与过道对面的一位女士交谈。不知什么原因，当我把我对飞行的恐惧告诉她的时候，我几乎都扣不上安全带了。她再三向我保证，不会有事的。她说她经常乘坐这样的短途小飞机去曼哈顿。另外，她的丈夫是个飞行员，开过这种小飞机。看起来，她对这种小飞机的良好安全记录非常熟悉。我向四周看去，除我之外，每个人都很平静。我告诉自己别再紧张了，短短的几个小时之后，你就可以在纽约试新鞋了。我做了祈祷，重新调整了一下安全带。

大概飞行了20～25分钟之后，我们全都意识到飞机出问题了。所有的谈话都停止了。飞机似乎不正常了。它突然急速下降，机上的乘客开始尖叫起来。我前座的一位男士被弹了起来。过道对面的那位女士则抓着我的手开始祈祷。飞机仍在继续下降。时间仿佛停止了。飞行员试图让飞机保持平衡，但很明显，机械出故障了。在他努力维持飞行的时候，恐惧笼罩了整个飞机。我的同伴和我手拉手在继续祈祷。

当飞机终于到达肯尼迪国际机场的时候，我看到了一排消防车在窗外跑道上待命。尽管我很害怕，但我知道我会平安降落，我也祈祷飞行员的求生意志能和我一样坚强。那是一次迫降，令人胆战心惊，好在我们都平安无事。当所有人因大难不死拥抱在一起，放声大哭时，我努力平复激动的心情，领回行李，乘出租车直奔酒店而去。

我是一个大难不死的幸存者。这是一场出乎意料的灾难，一场我原本能够避开的意外。但是，我知道，短短3天之后，我还得乘飞机回去，得飞5小时才能到家。于是，我对飞行的恐惧又冒了出来。我需要选择，我搭乘什么回到加利福尼亚呢？更重要的是，如果我这么害怕飞行，那么我如何继续从事目前的工作？幸运的是，我见到几个朋友，他们设法抚平我紧张的神经，为我加油打气，让我明白乘火车回加利

福尼亚是不实际的。通过朋友们的帮助，我在态度上做出了
重大调整，恢复了坚定的信心，顺利地克服了飞行恐惧。

这位女士是如何面对灾难的呢？

第一，寻求帮助；
第二，锻炼自己的信心；
第三，与他人分担自己的忧虑；
第四，省察内心对话。

✴ 靠信心引领

当你把态度化为行动时，就意味着你要开始解决所面临的各种危险局面了。生活中本来就存在一系列的危险与挑战，一旦你接受这样的想法，就能有效地做出准备，更好地调整态度，把应该做的事情付诸行动，然后，你就可以庆祝了，因为胜利就在彼岸等着你。在应对困难或危险时，你一定要有信心。

靠信心引领你前进，而不是靠现状，这是非常重要的。记住，不要让你的所见所闻欺骗了你，因为你在周围看到的可能是无法马上好转的现实。在这种时候，就需要信心的出场了。信心是看不到，但可以想象到的生活轨迹。

当你正处于困境之中、负面事件接连发生的时候，一定要充满信心。要知道，当前的处境只是暂时的，没什么好担忧的。

✳ 通过挑战，胜利在望

据报道，有些人庸人自扰的时间高达92%。不经历一些危险，你不可能克服人生中的磨难。但是，对前途总是忧心忡忡是愚蠢的。尽管人生的道路是曲折的，记住，胜利就在彼岸等着你。

几年来，我一直带着明确的目标、饱满的热情和积极的态度四处巡回演讲。但时间长了，我变得思想僵化起来。我注意到我的两个小腿莫名其妙地肿胀起来。我原定飞往洛杉矶为美泰公司的员工发表演讲，但我决定还是先尽快去看看医生。医生检查后，平静地给出了诊断：双腿栓塞。

开始我以为这只是个小问题。我请医生开个方子，因为我得去赶飞机。这时候，他告诉我，问题要比我想象的严重得多。"如果你走得太快，只要其中任何一个血栓破裂，血流会直接冲入你的心脏，你就不必再为你的航班、演讲或任何其他的事情担心了。"他说。

我的态度立即调整过来。我打电话给美泰的联络人，告诉他们，我们得重新安排日程。然后，我离开了医生的诊所，径直去了医院，在那里躺了两个星期，以防止血栓进入动脉。在这段时间中，我有足够的理由让态度变得消极沮丧和自伤自怜，但是我选择了感恩的态度，感谢为我看病的医生及时发现了问题。

迟早我们都会面临态度危机的挑战。比如，心爱的人生病或受伤影响到你的心情，科技的进步威胁到你的工作，突变的天气把日常的行程转变为生存的考验等，种种不如意的事发生了。你不可能躲在恐惧、焦虑或自我怀疑的阴影中度过一生。

那么，你会做什么？你准备如何去应对那些你无法控制的事情？你应该专注于那些你无法控制的事情，你应该有信心从最负面的经历中得到最积极的结果。无论你何时承担一项新工作，了解游戏规则都是非常重要的。无论它是一个新的工作,一个新的关系,或者是一个新的挑战,都有一个你必须经历并学习规则的过程。随着这个学习过程的展开,我们会遭遇一系列的问题甚至是难题,它们可能很容易引发意外的态度风险。包括:

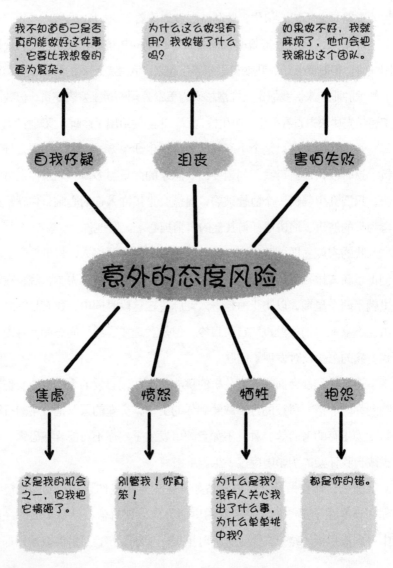

✳ 回应与反应

令人惊讶的是，积极的态度能很快地被一些痛苦经历和负面思想击溃，不是吗？正因为如此，对态度进行监控非常重要，这同样也是回应比反应更为重要的原因。

当你作出回应时，你会作出积极的、富于建设性的精神调整。当你仅仅作出反应时，它只是一个纯粹的情绪性过程，不仅几乎不会改善环境，还经常让事情变得更加糟糕。这也是为什么会有"紧急回应小组"而不是"紧急反应小组"的原因。如果你的医生已经开过药方，并且让你两周后回来复诊，难道你不希望听到医生说你的身体已有回应而不仅仅是反应吗？

你仍然不清楚反应与回应的区别吗？那么，假设你刚刚得知，你将在六周后被裁掉。

如果你对此只有反应，它可能是这样的：

如果你对此有了回应，它可能是这样的：

当你只是简单做出反应时，你主要诉诸内在的情绪本能，几乎不考虑事件的长期后果。当你能够做出回应时，你的大脑已做过深思熟虑，自我意识很强，对事件的长期后果有清晰的想象。

负面思想会悄悄潜入你的心灵。关键在于，要准备好人生计划表以进退有据地做出回应，而不仅仅是临时的反应。当你能够做到未雨绸缪时，就等于提醒你自己注定会成功。"未雨绸缪"意味着提前做好人生的规划，从而把握好方向，积极实现人生规划。当你学会在事情发生之前为你的态度负责，你就不会再浪费宝贵的时间制造遗憾，而是主动采取行动以转变自己或改善环境。当你能够做到未雨绸缪时，你就有力量成功地克服任何可能遭遇的困境。选择回应而不仅仅是反应，有助于你长期控制好态度，把握人生。每天早晨，你可以热情洋溢地飞出家门，也可以只是在黑暗中按下闹钟的响铃，这两种态度是截然不同的。

记住，向你扑来的各种各样的危险，目的就是要挫败你，打倒你，甚至摧毁你。人生中存在着一系列的挑战。只要能保持积极的态度，制订坚实的计划，并且不忘付诸行动，你就能全副武装地面对生活中的任何挑战。保持信心吧！

态度调节表

密切关注负面声音。你能听到的最大的声音是你自己发出的。

不要让精神垃圾留在心灵里——要把精神垃圾清除出去。

尽管生活中存在磨难，仍要保持对态度的掌控。

学会回应而不仅仅是反应。

问题不再是问题，胜利就在彼岸。

不要担心那些你无法控制的事情。记住，92％的焦虑都是庸人自扰。

制订一个计划。要未雨绸缪、积极主动而不是怠惰无为、消极被动。

采取行动，战胜恐惧。

恐惧吓不倒那些与上帝同在的心灵平静者。因为在这些人心中，不会给恐惧留下任何空间或机会。记住，千万不可丧失信心。

第 七 章
态度工具箱

步骤7：探索自励的诀窍　本步骤将激发你的能量和激情，促使你进步。你将从中获得自我提升的工具，它能促使你把态度转化为行动。

ATTITUDE
IS EVERYTHING

态度工具箱

- ◆一探工具箱内容

- ◆态度工具1：自我肯定

- ◆态度工具2：发掘动机

- ◆态度工具3：精神想象法

- ◆态度工具4：正面的内心对话

- ◆态度工具5：三思而后言

- ◆态度工具6：正面的招呼语

- ◆态度工具7：热情洋溢——保持动力的核心工具

- ◆态度工具8：心灵自主

- ◆态度工具9：幽默态度

- ◆态度工具10：运动

上中学的第一天，班主任老师就递给我一张通知，告诉我还得去上口语矫正课。我惊呆了。很多时候，家人一直告诉我，我的口吃会像一个叔叔那样，长大后自然消失。暑假期间，我一下子长高了4英寸（约10厘米），原来的衣服没有一件穿得下了。整个夏天，我一直在上口语矫正课，口吃状况已经减轻许多。有鉴于此，我肯定自己已经不再需要学校的口语矫正课了。

我讨厌口语矫正课，因为它让我感觉自己有些另类。从开始上学起，我每周都要离开同学们两天，去参加这种特殊的口语训练。同学们都知道我有口吃的毛病，他们已经无数次地听过我痛苦地读课文。我不愿再出丑了。

我的老师布朗先生很冷静，他并未当着新同学的面宣布此事，而是悄悄地走到我身旁，小声告诉了我。我告诉布朗先生我不需要再上口语矫正课了。但布朗先生不同意。

✴ 一探工具箱内容

在下楼前往口语矫正室的路上，我给自己打气："我不会再结巴了。我已经克服了这个毛病，我现在已经口齿清晰了。"我不知道这其实就是一种自我肯定或自我鼓励，现在回想起来，它确实符合自我激励工具的定义，确实有效。

开始我也有些不解，继而恍然大悟，我刚才没打任何结巴就说了一大段话！刚才只顾说话，根本没有注意到自己是怎么说的。

　　我把注意力集中在他指定给我的书中词句上，开始朗读。那些词句从我的口中自如地流淌出来，教室里的孩子们见状都坐直了身子。其中的一些人和我认识很久了，他们从来没有听到我读得这么清晰流利过。我的自信随着朗读声油然而生。这是我第一次没有遭到其他孩子们的嘲笑。有些人则一直为我欢呼，因为，如果我能做到这样，他们也能。

　　以前大声朗读的时候，我从来不敢从书页上抬起头来，但那天例外，我甚至还有意制造了一些戏剧性效果。我感觉自己就像一个在奥斯卡颁奖典礼上致辞的明星。当我朗读完毕，掌声响了起来，我也向大家微微鞠躬致意。

　　我非常激动，教室里的其他人也同样如此。"你不必再来参加口语矫正课了，凯斯，"老师说道，"我为你感到骄傲，我们都为你感到骄傲。以后你愿意再回来为大家朗读文章吗？"

　　我告诉他我非常乐意。然后，我跑出了口语矫正室，径直跑到学校办公室。我太激动了，迫不及待地想给妈妈打电话。

我已经战胜了结巴，克服了在大庭广众之下讲话的恐惧心态，我还摆脱了因口吃而自怜自伤的所有感觉。那一天，我了解了自我肯定的力量，而自我肯定正是态度工具箱中的头号法宝。自我肯定是对我们的梦想、目标和人生控制能力充满信心的陈述，是一系列可以为你所用的有益工具中的一个组成部分，可以帮助你集中精力，建立信心，消除自我怀疑、担忧恐惧和其他各种起反作用的情绪。工具箱中的其他工具还包括自我激励（self-motivation）、内心想象（visualization）、态度交谈（attitude talk）、积极招呼（powerful greetings）、热情洋溢（enthusiasm）、心灵自主（spiritual empowerment）、幽默诙谐（humor）、运动锻炼（exercise）等。

✴ 态度工具1：自我肯定

自我肯定的话，要天天讲，讲一辈子，以便用积极的观念重新调整潜意识的内容。自我肯定的话由那些充满力量和信念的词语构成。每说一次，你体内的每个原子都会受到感染，它们的振动频率都会发生变化。自我肯定的过程包括复诵、感觉和想象三个部分。

自我肯定是在内心肯定某些积极内容的方法。即使所有的条件都不支持你，也要说出那些你认为会变成现实的事情。自我肯定包括信念、态度和动机等要素。

潜意识会接受你传达的任何信息。当你把积极的回应适当地传递给潜意识时，就会引发积极的感觉，反过来，这种积极的感觉又会推动你付诸行动。想象是你在脑海里欣赏自我肯定的过程。一旦你在脑海里能看到它，你在生活中的成功也就不远了。

自我肯定不仅能帮助你保持积极的态度，而且能帮助你激发出内在的力量。这种力量需要训练和引导，以便获得最大化效果。

我最欣赏的自我肯定之一，是培斯特·查克·斯温道写的《态度》一文，内容如下：

> 态度对生活所造成的巨大影响，实非笔墨所能形容。随着年龄的增长，我越来越相信，生活由两部分构成，其中10%是发生在我们身上的事情，90%是我们对这些事情的回应。
>
> 我相信，我每天能够做出的唯一的、最有意义的决定，就是对态度的选择。它的重要性，远远超过我的阅历，我的学历，我的存款，我的成功或失败，我的名声，我的痛苦，我的环境，我的地位，或者别人对我的想法与评价。态度可以让我勇往直前，也可以让我裹足不前；可以点燃我的满腔热情，也可以浇灭我的希望之火。只要态度是正确的，再大的障碍都可以逾越，再深的峡谷都可以跳过，再大的挑战都可以应对，再大的梦想都可以实现！

尝试构思一条适合自己的肯定话语，就可以将其作为强有力的工具，以帮助你树立积极的态度，并把它转化为积极的行动。你为自我肯定所设计的话语，在现在与将来都必须是积极的。自我肯定作为你自己说出的一些话，可以控制你的思想、情绪和态度。效果良好的自我肯定应包括下列五个特性：

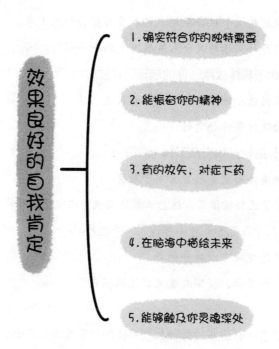

效果良好的自我肯定

1. 确实符合你的独特需要

2. 能振奋你的精神

3. 有的放矢，对症下药

4. 在脑海中描绘未来

5. 能够触及你灵魂深处

在你的自我肯定话语中，要避免使用 "试试看"（try）、"但愿"（wish）或"希望"（hope）这样脆弱的词汇，要有表现既成事实而非磕头许愿的特性。"我是个大人物"比"我要努力成为大人物"有力得多。

看看下列5种可能引发不良态度的情况吧。在每一种情况下，尝试为你自己写出至少一条积极的自我肯定的话。我把自己的例子附上，希望能对你有所帮助。

例1：工作13年后，你的工作岗位被撤销，你被裁员。
靠我多年工作中建立起的人脉，我会顺利地转向其他工作岗位。
例2：医生让你卧床静养两个星期。

我可以利用这个机会反思我的人生目标并记录下来。

我可以开始阅读与我个人发展有关的一些书籍。

例3：由于机械故障，你的航班已经被取消了。

我很高兴这个故障在起飞之前就被发现了。

后边的飞行条件会更好。

例4：你的财产税上涨了15个百分点。

这意味着会有更多的资金用于教育。

我的房子已经增值了，这意味着这项投资比我原先预计的还要好。

例5：医生在你的动脉中发现了一个血栓。

这种早期发现可以救我的命。

这是一种警示，提醒我要更好地照顾自己。

现在，看一看这些由你我共同完成的自我肯定的话吧，大多数不仅反映出积极的态度，而且提供了行动的路线和想象的内容。

拳王穆罕默德·阿里年轻时不断向世人宣称："我是最棒的！"至今，几乎没有人会否认他是当时最优秀的拳击手，并且是拳击历史上最优秀的选手之一。

在1993~1994赛季的NBA赛场上，休斯敦火箭队打进了总决赛。当火箭球员步入主场，看到巨幅标语"我们相信你"时，信心倍增，士气高涨。火箭队员们知道了自己并非孤军奋战，自己的球迷和自己的城市都站在身后，结果他们连续两年赢得了总冠军。当然，我绝对相信火箭队明星阿基姆·奥拉朱旺和他的队友们的球技对两连冠至关重要，但毫无疑问的是，当球迷们高呼"我们相信你"时，球员们会对自己有更强的自信。为了达到同样的效果，达拉斯小牛队多年来就以"美国的冠军球队"作为自己的口号。

各种自我肯定的话语在体育运动中具有如此重要的地位，但我们却很少关注到它们。"胜利（S-U-C-C-E-S-S）——胜利就是这样'拼'出来的！"这是一个早就出现的拉拉队口号，还有比这个口号更为经典的自我肯定话语吗？在体育用品营销中，自我肯定也早就被作为产品定位的一种方式。耐克的"尽管去试"（Just do it）开始只是一个广告口号，后来成为世界体坛颇受欢迎的一条自我肯定话语。

✳ 态度工具2：发掘动机

自我激励的第一步是找到行为动机。动机在字典里的定义是"推动一个人行动的力量"。动机帮助你采取行动以改变人生。基本的行为动机包括爱、自我保护、愤怒、赚钱、恐惧等。

布伦达，一个年轻的单身母亲，就是通过恐惧和爱的力量来帮助女儿的。在这个过程中，她克服了小时候的恐惧症，培养起一种原本不可能的兴趣爱好，找到了一种新的职业。

布伦达上学的时候，一直成绩不好，最弱的一科总是数学。由于她深爱自己的女儿，害怕无法辅导孩子做家庭作业，就在附近的社区大学选修数学课程。结果她得到了A的好成绩，这进一步激发出她追求更高目标的动力，她决定攻读学位。

"提到上学，我的最早记忆，就是被人骂作傻瓜。那是在我小学三年级的时候，我刚刚转进一个班级，"她回忆道，"黑板上有一个问题，我试着举手回答，但我答错了，结果老师就骂我笨，所有的孩子也都讥笑我，我强忍眼泪低下了头。我一直认为自己不够聪明，害怕自己会以失败告终。"

刚刚高中毕业，她就工作了，干过几个收入低、没前途的工作，也就是混混日子而已。但她的女儿出生后，情况发生了变化，她特别渴望成为两个女儿的人生榜样，并为她们创造更加美好的生活。她知道，如果没有学位，她的就业选择将非常有限，因此，她重返校园，并于毕业时获得计算机科学的学位。布伦达如今在一个高科技公司工作，并担任高等数学的家教。出于对女儿的挚爱，布伦达把态度化为行动，克服了对失败的恐惧感，为家庭缔造了更加美好的生活。

我最近遇到一位人士，因找到了自己的人生动机而成为了自我激励的高手。有一次坐飞机时，我们正好是邻座，他自我介绍之后，问了我一个十分常见的问题：

　　在他说话间歇时，我好奇地问他，他为何如此酷爱腌黄瓜。

　　"我曾经从事过不同的职业，但都失败了。失业后，我看到了招聘腌黄瓜推销人员的分类广告。当时，我对腌黄瓜几乎一无所知，但我需要工作。开始的时候，如果在路上碰到像你这样的人问我是做什么工作的，我只会含混地告诉他们我在食品行业工作。如果告诉别人我在卖腌黄瓜，我会有点难为情。但是有一天，我突然认识到，就是通过卖腌黄瓜，我拥有了新的生活，我的老婆很开心，我们有一个幸福的家，一辆不错的汽车，在社区里也相当活跃。

　　我的小儿子身体不好，但幸好有人照顾我的腌黄瓜生意，我的老婆才可以一直在家照顾他。所以我爱腌黄瓜。别忘了，如果你需要腌黄瓜，我可以送你点儿。如果你认识的人需要腌黄瓜，请给我打个电话，我保证服务到家。"

飞机着陆了，我们握手道别，他递给我一张名片，上面是一个又大又绿的腌黄瓜。我把它放在钱夹里面，提醒自己认识这样一位深知自我激励重要性的人物。他努力工作的深层动机，是他对家人的爱。人生要想获得成功，必须拥有对生活的热情，要想拥有对生活的热情，必须找到人生的动机。

记住，最强大的动力发自内心。但是，同样的动机并非是一成不变的。你需要每天都做些事情去保持你的精力、目标和热情。

依赖外在动机的危险就像听约翰·菲利普·苏泽的进行曲一样，当乐声响起，你很可能激动得站起来；但一旦乐声停止，你就可能坐下来，等待另一首曲子响起。我希望你能持之以恒地舞动生命，即使我的加油声早已停止。

激励的艺术和科学

既然人们的欲望和需求不同，他们的人生激励方式也会多种多样。当强烈的动机被激发起来时，通常意味着要满足非常强烈的需要。人类动机是一个已经被心理学家、行为学家和哲学家集中研究过的复杂领域，科学家也曾经使用从电流到化学物质等各种材料来刺激大脑的特定区域，以探索人类的动机之谜。

近代的心理学家亚伯拉罕·马斯洛是研究人类动机的先驱，并因其自我实现理论而闻名于世。这种理论认为，每个人都有不同层次的需要——从基本的生理需要（如对空气、食物和水的需要）到高级的情感需要（如对爱、自尊和自我实现的需要）——都需要满足。

马斯洛认为，当较低层次的需要得到满足后，我们就会转而追求更高层次需要的满足。如果连最基本的需要都没有得到满足，我们就必须继续努力以满足这些需要。例如，如果你一直饥寒交迫，就不会去关心智力是否得到了开发。马斯洛认为，当基本的生存需要得到满足后，我们会依次追求个人安全需要、社会交往需要、自尊自爱需要、自我实现需要的满足。其中，自我实现需要是最后和最高层次的需要，是认识人生目标与人生潜力的需要。"如果最终想实现自我和谐，音乐家必须创作音乐，画家必须画画，诗人必须写诗，一个人要量力而为。"马斯洛写道。

动机是一种把态度转化为行动以满足需求或获得特定结果的希望。自我激励具有至少五个方面的特性：

1. 热忱。为保持斗志，你必须确定令你振奋的目标和立竿见影的计划。

2. 正面思考。即使你的状况可能不是最佳，你仍然要多关注积极的一面以保持斗志，因为你的潜意识会接受你想到的任何内容。

3. 积极的外表。改变你的外表可以帮助你改变态度。当你会心微笑、正襟危坐、抬头挺胸或者若有所思地走路时，内心的感受是多么不同！试着把走路的速度提高25%，无论是别人看起来，还是你自己感觉起来，都会显得确有目标在前一样。

4. 美好回忆。美好的回忆犹如银行的存款，可以把你的消极态度转化为积极态度。当你感觉落魄沮丧时，你总能从回忆中找到支持：生活可以是如此的美好。我建议你把人生中所有的成功事件和积极经验，如笔记、电子邮件和其他你收到的东西，汇总成一本记载人生历程的成功手册（Win Book）。不要忘记给别人写积极的信件，根据你的反馈他们可以扩充自己的励志手册。你会发现它可以改善你的态度，因为种瓜得瓜，善有善报。

5. 对自己的天赋自信。这就是努力发现自己与众不同的天赋、技能和知识非常重要的原因。当你了解并确信自己确是一个有无穷潜力的、独一无二的人时，你会渴望发挥这些天赋并得到验证。

✳ 态度工具3：精神想象法

现代心理学关于高峰表现（peak performance）的研究指出，最伟大的运动员、外科医师、工程师和艺术家们，都自觉或不自觉地运用自我肯定与内心想象来提升或强化专业技能。

外科整容医生马克斯韦尔·马尔茨博士写过一本书，论述内心想象在控制和保持积极态度中的现实力量，这是最早论述这类问题的著作之一。1960年，当他61岁的时候，他又撰写了一本名为《心理控制论》（Psycho-Cybernetics）的经典性自助著作。他发现，很多找他做整形手术的人，即使看起来已经非常完美，但仍然没有安全感和幸福感。他从中领悟到，内心想象乃是一种自我治疗的有力工具。

在《心理控制论》一书中，马尔茨博士讲到他为一个篮球队所做的想象试验。他要求五名队员连续几天在体育馆里练习罚球，另外五名队员只在心里练习，但要想象每次都罚球命中的情形。五天之后，马尔茨博士在两队之间搞了一次比赛，结果，那些用想象的方式练习罚球的队员，竟然比那些在球场真打实练的队员罚球命中率更高。

如今，越来越多的业余运动员和职业运动员，把相当多的时间花费在他们的精神训练上。例如，撑竿跳高运动员会想象他们在每一跳的每一个动作中获得进步，他们不仅想象最终的目标，而且想象动作完美时的身体感觉。研究显示，利用这种精神想象法，学习速度会更快一些。体育心理学家认为，在现实事件或临场比赛中，这些精神训练发送出神经肌肉信号，可以激发运动员超水平发挥。

前芝加哥公牛队和洛杉矶湖人队主教练菲尔·杰克逊对想象的力量深信不疑。杰克逊在《神圣的篮球》一书中透露，在比赛暂停期间，他鼓励球员们利用想象的方式镇定下来。在他布置战术之前，他劝他们想象一处自我感觉良好的"安全地点"，以使精神短暂放松。

杰克逊说，他的好几位球员都在比赛前做想象，想象比赛中可能发生的事情，想象他们如何及时做出反应。球员们承认，赛前的想象练习，可以帮助他们在赛场更快地做出反应。教练杰克逊说，每次比赛前，他一般会在家做45分钟的想象活动，以做好战斗到最后一刻的心理准备。在他早期执教的时候就曾经说过，想象的价值是"把每年夏天我为球队设计的宏伟蓝图与赛场上的实战成绩联系起来。在赛季进行中，这个蓝图是我调整过、改善过，甚至完全推翻的方案"。他还运用想象让自己冷静下来，避免因战况激烈而情绪化，因为，在早年的执教生涯中，他常常与裁判争执并受罚，导致球队蒙受损失。

南非前总统纳尔逊·曼德拉反复写到，在27年的牢狱生涯中，他借助想象保持着积极的态度。"我经常想象我获得自由走出牢狱的那一天，一遍又一遍地想象我想做的事情。"他在自传里写道。

想象与自我肯定配合起来，在改善态度、自我激励方面效果甚佳。

令人不解的是，运用同样的想象工具造成负面态度，我们却浑然不觉。你曾多少次因想象自己的失败而最终噩梦成真？你每天发送多少消极信息？我还不够聪明，无法胜任这个工作；我还不够优秀，无法获得这次晋升机会；我的成绩永远只能拿到很差的"C"……

无论内心的想象是积极的还是消极的，都同样需要付出精力，但是，积极的励志工具会使你勇往直前，而消极的励志工具，只会让你停滞不前。

✳ 态度工具4：正面的内心对话

积极的内心对话就是我所说的"精神喊话"。如果你想摆脱过去的负面想法，并用自觉积极的心声来取代它，那么，精神喊话就是我推荐给你的一种方法，它可以帮助你直面全新领域。你的内心对话——整日在你耳边嗡嗡作响的声音——就像一粒种子，会影响你的言谈举止。幸运的是，我们可以重新组织大脑中的信息，我们可以密切关注我们的自言自语，为个人生活与职业生涯的双重成功重新做出规划。

精神喊话与自我肯定不同，精神喊话只有你自己能听到，而自我肯定则是要大声说出来的、兼具力量与信心的积极话语。

我们每天接收的资讯来源里，有三股主要力量，足以左右我们形成正面或负面的想法。

1. 电视

一方面，如今的电视里充斥着各种各样的暴力，无怪乎美国某些地区的暴力与犯罪数量节节升高。另一方面，教育节目、宗教节目、体育节目和喜剧节目也越来越多地表现积极的价值观。因此，一定要慎重选择你所看到的电视节目。

研究显示，入睡前5分钟所接收到的信息最容易进入潜意识。同时，我们也利用这段时间来回顾当天的经历和思想，其中，又以对负面事件的回顾最为常见。有时候，在睡梦之中，我们脑海中也在回放最新的消息，在讲述那些负面的事件：凶杀，战争，家庭暴力，球场斗殴，等等。难怪有时候我们会在不安中醒来。因此，上床之前最好把电视关掉。

2. 报纸

　　每天的一早一晚，很多人习惯于阅读报纸，积极和消极的信息上面都有。培养以积极信息结束阅读的习惯吧，这样可以养成更积极的态度，激发更积极的内心对话。我建议早上起来先不要看报纸（稍后再看即可），要先为你的态度作一些积极的思考。在阅读那些经常占据全国和地方报纸重要版面的最新悲惨消息之前，如果能花些时间感谢上天又赐予你新的一天，对你的人生态度会好处多多。

3. 他人

　　他人的一言一行对我们的内心影响尤其巨大。就像我们讨论过的一样，运用个人态度中止（PAI）或清除精神垃圾（TTO）的方法，排除他人的负面言行对我们的影响，是非常重要的。

　　保持积极态度可以增强精神韧性，这对实现职业与生活目标并追求成就最大化来说非常必要。"更新观念（RYM）"是借改变思想来转变态度的。你可以通过每天至少两次阅读积极信息的方法快速更新自己的观念。你可能听说过这样的说法："人如其食（You are what you eat）。"那么，你想过"人如其读（You are what you read）"吗？一个有能力阅读的人，却从不阅读，和不能阅读的人没什么两样。

　　你所能遇到的最积极的人，往往是那些不断从伟大作家那里补充积极见解的人。最好的阅读时间是早上，此时你精力充沛，可以在一定程度上接受最多的信息。或者，你可以在上床休息前的15分钟进行阅读，此时你的大脑对补充积极信息非常积极。如果能这样做的话，你不仅可以培养良好的态度，而且可以得到一夜的安眠。

　　整个白天，你可以通过阅读和关注积极的视觉信息以及令人振奋的

引述、海报和书籍开展观念更新。最好把这些积极信息留在身边，因为我们都需要不断强化自己，战胜消极态度。

　　下面是一些负面的内心对话的例子。阅读的时候，与你自己的内心对话比较一下，并且加入你自己的内心对话。

负面的内心对话	正面的内心对话
我就知道他不管用。	我知道他管用,因为我会全力以赴追求成功。
我讨厌我的工作和同事。	和今天那么多失业的人相比，我很庆幸还有一份工作。
我缺乏艺术细胞。	我有自己独特的创造性。
我已经太老了，做不了什么事了。	年龄只是一个数字，今天我要拿的是第一名。
我实在是无力改变。	我一直在积蓄力量，已经做好了应对变动的准备。
我应该现在处理，但还是等到明天再说吧。	明天的事难以预料，我不会把今天能做的事拖到明天做。
似乎每件事都和我作对。	我今天的评分标准是我付出的努力和积极的态度，这两个标准保证我天天过得很好。
我准备明天开始节食。	今天我感觉好多了，因为我知道合理膳食的重要性。
我已经是穷途末路了。	我能成为世界上最精彩的我。
但愿我再聪明一点。	我正在逐日提高技能。
周一对我不是好日子。	每天都是机遇——要从周一开始把握机遇，否则无法坚持到周五。

开始倾听你的内心声音吧。每天记下你的内心对话，不论是积极的还是消极的。有些话语会影响到你的态度，但这种练习却可以帮助你获得对这些话语的控制权。

✳ 态度工具5：三思而后言

我们对别人所说的话，与对自己所说的话效果相同。就像一句著名的谚语所说："生死系于舌头之力。"无论是爱意融融的话，还是怒气冲冲的话，都会留下长久的影响力。因此，你要对自己的话——尤其是愤怒的话——非常谨慎。一言既出，驷马难追。这就是三思而后言（WOW——Watch Our Words）至关重要的原因。

这一切都归结于我们的口。记住母亲的话吧："如果说不好，就什么都别说。"其中的原因远不止因为礼貌。舌头是我们的心灵之笔，我们说出的话都曾经在内心酝酿过。另一条谚语说："言为心声。"显而易见的是，心与口之间存在联系。事实上，我们的所感所想要用语言才能清晰地表达出来，我们的语言也反映了内心已经存在的内容。因此，我们要相信自己。如果我们诋毁环境，就应该意识到，我们的心灵环境需要改善了。令人激动的是，如果抛开过去不谈，并在心灵中留下新的积极信息，那么，从那一刻起，我们所说的话将变得积极，态度将变得友善。

之所以要三思而后言，还有另外一个原因。从我们嘴里说出来的话，又通过耳朵反馈给身体，直接影响到我们的心灵、思想和态度。无论我们说出的话是真理还是谬论，都道出了我们内心深信不疑的形象或概念。管住嘴巴的原则有两条：一是在适当的时候保持沉默；二是在积极诚恳的时候畅所欲言。

贴切的语言也会让他人开心。择时择地说正确的话吧。无论你是在部门会议上讲话，还是在家庭聚会时致辞，恰如其分的言辞都会改善你和周围人的态度，当然也更容易被人所理解。有时候，今天一个正确的措辞都可能推动你明日的成功。

实际上，你可以通过语言开辟一条通往成功的捷径。想想你说过的那些话吧，如果是普通的话语，就只能期待普通的结果；如果是非凡的名言，就能营造出一种氛围，把你和周围的人提升为积极的、有力的、可以征服一切的人。

总之，当你说出自信的豪言壮语时，你自己也能变得自信起来。

✴ 态度工具6：正面的招呼语

见到一个人的时候，你的招呼语能对他的生活产生重要的影响，积极的问答中包含着不可思议的力量。我们用过的单词、说过和做过的事中，都包含着这种力量。因此，我劝你多用那些能够改善你和周围人态度的语言。很多人打招呼时，往往使用一些有气无力的话语。例如，当被问到"工作怎么样"或"感觉怎么样"时，多数人的回答是"不错"或"挺好"，"能对付"，"能活下去"，"正坚持呢"，"不是要发工资了吗"，"还不知道呢，回头再说吧"。我最喜欢的是我在一个酒店大厅里碰到的一位男士的回答。当我问他现在过得怎么样时，他回答说："刚从女朋友那儿出来——好得不能再好了。"我便跟他开玩笑道："看你的样子，应该回她那里去。"

他笑起来，说："你没准还真说对了。"

　　一个细微而体贴的举动，几句暖人心扉的话语，就可能对别人的生活形成积极而持久的影响。有一个早上，我独自一人坐在航站楼等候转机，突然，我听到了愉快的口哨声，我的情绪为之一振。抬头看去，我发现吹口哨的原来是一个正在清理垃圾箱的清洁女工。看起来她至少已经接近退休年龄。我面带微笑地问她今天感觉怎么样。

　　"崭新的一天！"她热情而开朗地回答道，"能够醒来的每一天，对我都是崭新的一天。对你也一样。"

她一大早的热情与开朗使我震惊了！当然还有她对自己工作那种明显的自豪感。看到她那积极的生活方式，我一点也不怀疑她对崭新一天的独特感受。她只用了一个积极的招呼就照亮了我的心灵一整天。

我把这位清洁女工的"崭新"思维换成自己的版本，努力去传播这份快乐。当人们问我最近怎么样时，我就会说："超棒！"

保持积极心态的一个秘诀是：当你感觉有些精神不振时，不要告诉别人你是如何感受的，而要告诉他们你是希望如何感受的。控制你的语言，热情使用积极的词汇，可以在某种程度上帮助你改变生理和心理状态。你不仅可以因此得到自我肯定，而且可以感受到对别人的积极影响。

在IBM工作的时候，每当有人经过我的办公室并问候我的时候，我一律大声回答："超棒！"不久前，同事们之所以一个劲儿地问我感觉如何，就是为了听听我是否还有别的回答。如果我偶尔回答说"很棒"，他们就会失望，然后就会追问我是不是一切都好。我的这种回答方法后来变得尽人皆知。

从那之后，我一直说"超棒"。在新奥尔良参加会议时，我在大街上听到有人对他的朋友说："看到那个人没有？过去问问他今天感觉怎么样。"

　　如今，全美国的人都在说"超棒"。一个朋友的女儿甚至把它带进了她就学的高中。如果你要去她们的毕业班，问问她们感觉怎么样，你就会听到"超棒"的回答。我永远也忘不了一位听过我关于积极回应的演讲的观众。听完之后，他向我走来，说道："先生，我不想故意唱反调。"我心里想："好，最好别这样。"

将人生视为美好礼物的人，大多数人都乐意与之共事或共同生活。当然，这需要付出内在的努力，才能产生外在的效果。当你说"超级"（super）时，它会使你微笑，因为假装很"棒"（fantastic）是相当困难的。只要说出"超棒"（super-fantastic）这个词，即使在你真正理解它之前，你都将感受到"超棒"的状态。

✳ 态度工具7：热情洋溢——保持动力的核心工具

热情是又一个保持积极心态与人生动力的重要工具。热情之于态度，如呼吸之于生命，可以让你更有效地发挥天赋，她是内在精神的保证。英语中的"热情"（enthusiasm）一词来源于希腊语"enthousiasmos"，本意是"启示、鼓舞"（inspiration），其字根"enthous"和"entheos"的意思是"内在的上帝与精神"。

在我的讨论会上讨论热情这个话题时，我通常会向参会者提三个问题："哪里可以买到它？""怎样可以得到它？""要花多少钱？"然后，我会让大家做个试验：根据听众的人数，我会把大家分成2~3个小组。我要求他们放开，把所有的热情都释放出来，连续大喊5秒钟。

然后，我把这个活动搞成比赛，告诉他们喊得最响的小组将获得奖品。你猜哪个小组会赢？最后一个组！从来没有例外。如果有三个小组，第二组会比第一组稍好，但第三组总是倾尽所有的集体能量，喊出最强音。

为什么要等到竞争对手出现的时候，人们才会表现出最棒的一面？做完试验之后，多数人想再玩一次，我提醒他们一句古老的格言："永远没有第二次机会来制造第一印象。"当我把同样的试验用于孩子们身上时，各组的表现没有什么区别。你能说哪个小组赢了吗？他们都赢了！第一组和最后一组的声音是一样高的。孩子们不在乎是否有人旁观，他们喜欢挑战，不遗余力。

我的朋友麦特卡尔夫博士把"热情"视为"与别人分享内心"的一种方式，我则把"热情"视为一种在信念或行动等行为方式中表现出来的内在精神，它能督促自己行动起来。在我的演讲会或讨论会上，我每年都会问几千位观众一个同样的问题："有多少人喜欢那些诚实、正直、充满热情的人？"从我得到的回答中看出，热情无疑是你应当具备的最有力、最迷人的人格特征之一。

- 热情赋予你早起的动力，即使你是个不喜欢早起的人。
- 热情赋予你坚持不懈的毅力，而不是半途而废。
- 热情赋予你冒险的勇气，这是成功所必需的。
- 热情激发你前进的动力。
- 热情点亮你个性的光辉。
- 热情战胜你的恐惧与焦虑。
- 热情是冠军队与普通队的分水岭。
- 热情是心中之火，催促你不要等待。
- 热情是熊熊燃烧的希望之火，传递着承诺、决心和精神的光辉，它告诉每个人你做的事情多么有价值，你是多么的斗志昂扬。
- 热情（enthusiasm）的最后四个英文字母（iasm）代表的是"我斗志昂扬"（I am seriously motivated）。
- 热情和积极正面的态度是成功的要素。

✳ 态度工具8：心灵自主

人类的终极需求是要进入人类的精神世界的。正如我们需要吃饭喝水以满足基本的生理需求一样，我们还需要满足自己的精神需求，因为我们同样是精神的客观存在。我是通过阅读《圣经》得出这个结论的，而《圣经》是有史以来最早最成功的励志经典之一。如今美国市场上那些讲述自助和励志的素材，大多出自《圣经》。实际上，早就有人告诉我，《圣经》的英文名称Bible，正是由Basic Instructions Before Leaving Earth（离开地球前应遵循的基本教诲）这句话缩写而成。

《圣经》这本全球畅销书包含下列有力的话语：

> 我必不撇下你，也不丢弃你。（I will never leave you, nor forsake you.）
>
> ——《圣经·约书亚记》

> 在信的人，凡事都能。（All things are possible to him that believes.）
>
> ——《圣经·马可福音》

> 行事为人，是凭着信心，而不是凭眼见。（Walk by faith, not by sight.）
>
> ——《圣经·哥林多后书》

> 有耶和华帮助我，我必不惧怕，别人能把我怎么样呢？（The Lord is on my side, I will fear not: what can man do unto me？）
>
> ——《圣经·诗篇》

很多人在他们的信仰中发现了强大而积极的动力。我正巧也是这些人中的一员。我从《圣经》中领悟到，自我激励是人类生存过程中严肃而深沉的内容。当今所有著名的自我肯定名言与积极励志工具，大多出自《圣经》。

✳ 态度工具9：幽默态度

幽默是一种强大的动力激发器。生活中，你的幽默和笑声越多，你的压力就越小，这意味着，你有更多的积极力量来帮助你把态度转化为行动。

我在IBM工作的时候，它还是个以保守闻名的公司。当时我负责一个几乎没人待见的销售区，我面对的最大挑战之一，是与金谷公司负责办公室设备采购的经理打交道。我已经努力了好几个月，想和这位经理见个面，推销复印机、打字机、铅笔刀或其他任何能够谈成的生意，但是一直未能如愿。他总是很忙，要么不在办公室，要么没空见我。我试着打电话联系，但连他的接待人员这一关都过不去。

一天，当我正准备再给金谷公司打电话时，我把困难告诉了我的朋

友拉尔夫。拉尔夫也是推销员，对推销复印机很在行。他是那种你可以请来委以棘手任务的人。我告诉他，我可能得请他帮忙搞定金谷公司。

拉尔夫和我并非一模一样的双胞胎，我们不仅肤色明显不同，而且还有12英寸的身高差异。一天，我们都穿上了IBM标准的蓝色运动外套。他"不小心"从椅背上拿起我的外套穿上了，袖子垂过了膝盖。为了制造笑料，我也穿上了他的外套，看上去就像穿上了袜子一样。

办公室的同事们大笑起来。拉尔夫认为，这招有可能打破金谷公司进门这一关。我当然没有更好的主意，所以就拉上拉尔夫去共闯金谷公司。结果，我们那天的出访变成了"湿访"。西雅图是北美最多雨的城市之一，但那天的暴雨对西雅图来说还是很少见。为了引起金谷公司接待人员的好奇心，拉尔夫和我在车上互换了衣服。我们这对反差极大的"双胞胎"共撑一把雨伞走进了金谷公司的接待室。拉尔夫的胳膊被袖子包着，根本看不见，而我更像一个穿错衣服的守门员。

当我们走进去的时候，负责接待的女士根本没抬头——她正在打电话。当我要求拜访副总裁时，她肯定是听出了我的声音，抬起头来，可能准备再找个理由把我打发走。

当视线落到拉尔夫和我的身上时，她突然放声大笑起来。我想这个女人可能快要笑死了。等忍住笑平静下来，她便告诉电话里的人最好过来看一下。随后，她似乎改变了想法："不。你们两位往前穿过大门，再径直穿过大办公室，最远的拐角处就是我们老板的办公室。我希望每个人都能看到你们。"

一年多来，我一直是个彬彬有礼、举止得体、衣冠楚楚的IBM推销员，但却一直进不去金谷公司的大门。当我们穿过大门进入以往的禁地时，我听到那位秘书正在用内线通知所有的公司经理们，让他们千万要看看有什么好戏即将经过他们身边。

拉尔夫和我索性一路演到底，满脸严肃，好像根本不知道非常好笑似的。我们一直没敢笑，直到我们进入副总裁的办公室。他哈哈大笑地迎接我们，说："如果你们有勇气穿成这样走进来，至少我能抽出时间来听听你们的推销说辞。"

我们的幽默举动促成了IBM与金谷公司之间一个重要合作关系的建立。我相信，IBM至今仍在从中获利。

笑口常开也有益于身体健康。当你能笑看人生时，你的全身肌肉会自然地伸缩，致使血液循环加快，消化功能改善，体内产生内啡呔以促进身体的恢复。我最近看到，每天15分钟的开怀大笑，与每天5分钟的慢跑具有相同的运动效果。学会放松吧，这是保持人生动力的主要方法之一。

✳ 态度工具10：运动

心理学家黛安娜·泰丝的研究发现，为了摆脱负面情绪和消极态度，人们会运用各种娱乐方式来激励自己。他们通过阅读、看电视、看电影或者玩电子游戏等方式来打破思维定式。但问题在于，除非你能找到一种既有趣又令人振奋的娱乐方式，否则，你的情绪会变得更加糟糕。

泰丝发现，运动，也可以说是锻炼，是令人更加积极、更有斗志的最好方式之一。有规律的日常运动可以达到相对快速的积极效果，例如体重的减轻，肌肉的锻炼，以及为自己积极工作的感觉等。丹尼尔·戈尔曼在其《情商》一书中认为，运动可以让我们从低唤醒状态转化为高唤醒状态。

当然，当你有些情绪不振时，你不可能每次都能放下手头一切事务，立刻到体育场或跑道上纵情运动。但是，当你正在排队或坐在办公桌前时，还有一些更为简便的运动方法。我建议你做一下60秒钟的心灵休息。具体方法是：闭上眼，仰起头，满脸带笑，开始想象一个你爱的人或一件你喜欢做的事。保持这种想法，把握这个时刻，开始用心灵去体会这种平和、欢快并充满活力的感觉。

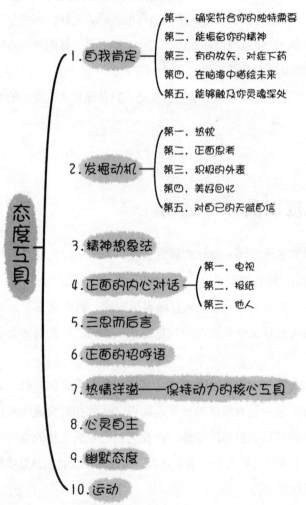

态度工具

1. 自我肯定
   - 第一，确实符合你的独特需要
   - 第二，能振奋你的精神
   - 第三，有的放矢，对症下药
   - 第四，在脑海中描绘未来
   - 第五，能够触及你灵魂深处

2. 发掘动机
   - 第一，热忱
   - 第二，正面思考
   - 第三，积极的外表
   - 第四，美好回忆
   - 第五，对自己的天赋自信

3. 精神想象法

4. 正面的内心对话
   - 第一，电视
   - 第二，报纸
   - 第三，他人

5. 三思而后言

6. 正面的招呼语

7. 热情洋溢——保持动力的核心工具

8. 心灵自主

9. 幽默态度

10. 运动

现在，你已经可以运用态度工具箱中的所有工具，依照指示天天锻炼，去寻求个人生活与职业生涯的双重成功了。

态度调节表

列举你每天感受到的幸福时刻并发自内心地感恩。

适度休息和运动，健康合理膳食。

别让办公室或学校的政治氛围影响到个人生活或职业生涯的成功。检视你所听到的、读到的和谈到的问题。

安排时间与家人和好友相聚。

帮助不幸的人，显示你的高风亮节。

每天充实自己的心灵，阅读励志书籍，倾听有关励志的音像制品。

找出你的行为动机，记住，同样的动力不可能一成不变。

反思你的成功历史——那些你已经遗忘的特殊经历。重燃希望之火，帮助你把态度转化为行动。

三思而后言（WOW），它的力量是很强大的。对别人说鼓励性的、肯定性的话，同时有助于锻炼自己的谨言能力。

设计乐观积极的招呼语，激发你和身边人的人生热情。

描绘一个清晰的理想，融入你的想象和激情，并为具体目标设置完成日期。

不要忘记，最强、最棒的行为教练，就在你自己心中。

第 八 章
建立一流的态度拉拉队

　　步骤8：建立态度拉拉队　　本步骤着眼于如何组织建立将你推向成功的后援团队，以获取个人生活与职业生涯的双重成功。一流的拉拉队再加上正确的态度，可以让你轻而易举地变成彻底的行动派。

ATTITUDE
IS EVERYTHING

建立一流的态度拉拉队

- ◆众人的心血和支持成就我们
- ◆以正确的态度待人处事
- ◆建立自己的态度拉拉队
- ◆人际关系网络奠基于互惠互利
- ◆共同的价值观是根本
- ◆评估你待人接物的态度
- ◆消除态度拉拉队中的毒副作用
  - 品头论足者
  - 职业受害者
  - 肥皂剧明星
  - 毒舌派
- ◆圈出无毒区
- ◆最佳防卫之道

冒险进入励志演讲圈3年后，我接到了全国演讲人协会的年会演讲邀请，这是我第一次应邀在2000位同行面前进行演讲，这是我职业生涯中的成年礼！我激动万分！但糟糕的是，为了抓住机会给同行们留下深刻印象，我给了自己太多的压力，演讲时态度也不够谦虚。那天晚上，同行们听到的大多是这种话："让我告诉你我有多棒"；"这是我最好的笑话"；"这是我最好的俏皮话"；"这是我的招牌故事"。

为了给他们留下深刻印象，我太过费力了。后来，我逐渐认识到，越想给人留下深刻印象，反而越难给人留下深刻印象。我20分钟自吹自擂的演讲结束之后，那些优雅而专业的同行们按照惯例起立鼓掌，很多人还向我表示祝贺与肯定，但是，当我听到他们的褒奖之词时，我知道自己的表现并未真正达到目的。我感谢他们的善意，但我也认识到，当时我最需要的是建设性的反馈意见。

当这个想法正在我的脑海中闪现的时候，一位国内顶尖的励志演说家走过来向我表示祝贺。他边点头边说："挺好挺好。"我回答道："谢谢你，但是我怎样可以做得更好一些？"他停了下来，注视着我，片刻之后，他把手伸进口袋，拿出一张好像是评价表一样的东西。

　　然后，他把评分表递给了我。他从台风、幽默、热情、语调和内容五个方面给我打了分，有几项我得了高分，但却跑题了。他的全部打分与我的自我评价及内心想法一致。我基本上把事先准备的都发挥出来了。事前练习时，我把注意力的重点放在演讲的方式和题材上，却忘记了为观众提供最好的服务才是重中之重。

　　尽管是我主动要求他作评价的，而且我知道他的意见宝贵而中肯，但忠言逆耳，我仍然免不了受到打击。真话的效果总是这样。但是，真正的成长来自于我们接受真实的能力，即使这种真实是令人痛苦的。那天晚上，我与另外的一些同行谈及此事，并告诉他们我从那位值得信赖的同行那里得到的分数与评价，但他们对他的行为都表示失望。"他怎么能在你作为职业演讲人最重要的一个晚上那么说呢？你很棒，你很出色，大家都爱你。"

那天晚上，与其他同行们的赞扬比起来，他的建设性批评意见对我更有益处。建设性的批评意见是无价之宝，拥有愿意为你提出这类意见的朋友和同事，对你的成长既是重要的，也是必需的。在那个时刻，接受意见并不那么容易，但是，像我一样，时间长了，你就会懂得感谢那些提出意见的人了。

✳ 众人的心血和支持成就我们

在一次商业团体演讲结束后，一个衣冠楚楚的家伙走向我并作了自我介绍。他告诉我他真的非常欣赏我的演讲，并准备把其中的内容应用于自己的事业之中。

然而，没有哪一个人是完全独立的，我们在生活中都离不开他人，我们需要他们的意见、智慧、忠诚和支持。人际关系的实力是衡量我们人生质量的最重要指标之一。我们对自己和世界的态度，在很大程度上来源于周围人对我们日复一日的评价。要想形成积极的态度，你必须与周围人建立起能够分享信任与利益的强大关系网络。我把我的支持者们称为"我的态度支持者团队"，或者简称为A-Team。

要建立态度拉拉队，你必须放下架子，虚心待人，服务于人。你必

须在交往中真诚坦率，机敏得体。你必须信任别人，就像信任你自己。记住，如果你自认是一个学生——事实上我们任何时候都是学生——就要放手让老师教你。即使被教的时候你可能还不明白，但总有一天你会明白的。

我的态度拉拉队中，都是我充分信赖的人，我特别荣幸能够结识他们：

吉姆·罗恩为本书撰写了前言。吉姆的演讲生涯持续了40年，曾经为全世界的6000多现场听众和400万非现场听众进行演讲。他写过17本书。作为我们这个时代最有影响力的思想家之一，他多年来一直在国际上颇受推崇。所以，当他与我分享他的精彩思想时，我总会记下笔记。

安东尼·罗宾，著名演讲家，《能量无限》（*Unlimited Power*）一书的作者，可能也会把吉姆·罗恩列入他的态度拉拉队。安东尼说："我坚定地认为，吉姆·罗恩是一个非凡的人，对每一个了解他思想的人来说，都可以因此而提高人生质量。在我人生的早期阶段，当我刚刚开始构建我的指导思想的时候，他无疑也对我产生了积极的影响。"莱斯·布朗，《为梦想而生》（*Live your Dreams*）一书的作者，这样评价吉姆："自从1972年以来，我一直是吉姆·罗恩的学生。从那时开始到现在，他一直是我有幸当面聆听其演讲的最深刻、最有影响的思想家之一。"

我的支持者来自三教九流，有男有女，各不相同，我们之间的关系都经历了时间与个性的考验。在我的态度拉拉队中，睿智的女性居于核心地位。最开始是我的祖母，当时我还是个小男孩儿，然后是我的妈妈、我的姑姑和我的姐姐。

我从女性身上学到很多，她们似乎对人际关系和感情的复杂性相当了解。

我的妈妈

她教我带着目标做事，教我专心致志、按部就班地实现梦想。

我的堂兄肯尼·劳姆巴德

肯尼帮我了解了我的弱点，并且把它们转化为力量。

我的同事拉尔夫·拜安科

拉尔夫很有商业头脑，他与我分享他的学问，但除了友谊之外，他不索取任何回报。

我最好的朋友之一卡尔文·桑德斯

我们长达31年的友谊，建立在我们互相信任、理想共通、核心价值观相同的基础之上。

我的爸爸

我的父亲也非常强调自信的重要性。他还有让我保持谦虚的诀窍。

我的主要态度拉拉队员

● **我的妈妈**

她送我去上幼儿园，并不因为我说话结巴而觉得我如何不正常。她教我不能只盯着问题，而要把重点放在如何解决问题上，要善于找到应对挑战、克服障碍的必要方法。她也是我认识的第一个教我在心里坚持"最终目标"的人。她还教我想象的方法："现在，凯斯，想象一下，你站在众人面前，口齿流利地讲话，大家都在听你讲话，因为你讲话既自信又有热情。你会站在那里大声而流利地报出自己的名字，观众们会热烈地鼓掌欢迎。"我始终觉得母亲对我未来的成功很有信心，就像她能看到一样，而且是帮我看到了。她教我带着目标做事，她教我专心致志地、按部就班地实现梦想。

● **我的堂兄肯尼·劳姆巴德**

肯尼放弃了周六上午的休息时间，帮助我做好各种进入IBM的准备工作。肯尼还鼓励我发挥自己的独特才能，他是我的职业榜样。肯尼帮我了解我的弱点，并且把它们转化为力量。开始的时候，他比我更相信我是有天赋的。

● **我的同事拉尔夫·拜安科**

拉尔夫很有商业头脑，他与我分享他的学问，但除了友谊之外，他不索取任何回报。他对市场营销、咨询服务、金融交易都相当了解。拉尔夫还是一名退役的海军军官，懂得领导艺术和团队合作。我与拉尔夫在工作上密切合作，尽可能地各尽所长。我对销售报告和产品演示相当熟悉，愿意在这些领域与拉尔夫共享。

● **我最好的朋友之一：卡尔文·桑德斯**

卡尔文十分信任我，他把一些私人秘密都告诉了我。我将在几页之后告诉你这个故事。但最重要的不是他告诉了我多少事，而是他对我的充分信任——他愿意与我分担那些有可能招致别人批评或耻笑的事情。我们长达31年的友谊，建立在我们互相信任、理想共通、核心价值观相同的基础之上。

● **我的爸爸**

我的爸爸对我的运动成绩并不太关心，因为他更关心我是否受到良好的教育。

如今的我，是由很多爱我的、支持我的和为我付出的亲友们共同造就出来的。我有一个强大的态度拉拉队，我非常感激他们在工作和生活中对我的种种支持。

你最好读点书，因为，即使你运气好，能够在大学打球，也要取得一定的文化课成绩。即使你鸿运当头，能后进入NBA打球，也要为退役后作打算。

不要让人和风凉话把自己的梦想打破。

千万不要忘记，还有人在别的地方努力打球，可能和你打得一样好，甚至比你更好。你需要谦虚谨慎，继续努力。

✦ 以正确的态度待人处事

多年前，我参加过一次讨论会，这次会议是由一个著名的自助运动组织在一个度假胜地举办的，以人际关系为主题，会期两天，会费2500美元。大多数与会者是公司高管、老板或企业家，他们把精力全部投入到事业中。在追求成功的道路上，他们往往忽略了人际关系的建设。在讨论会上，他们挨个地讲述着自己的故事，但主题基本相同：爬上了事业的巅峰，赚取了可观的财富，获得了广泛的赞誉，但是却没有一个人可以分享这些殊荣。他们的人际关系搞得很糟糕，甚至是被忽略了。因此，他们不得不来参加这样的讨论会，学习如何去重建人际关系。大多数人本来以为什么都有了，直到无人分享成功的喜悦时，他们才意识到，原来的一切都没有什么意义。

与人相处时，如果只强调自己"有没有好处"或"有没有时间"，总有一天，你会发现自己变成了孤家寡人，原来的朋友们已不知去向。要想建立长久互惠型的人际关系，最强有力的帮助就是互相服务的态度。只有在长久互惠的人际关系中，你的人生目标才能为他人增光添彩。

对于那些信任你的朋友来说，你的人生目标应该能够提升他们的人生质量。这意味着，当他们需要支持和帮助时，你会挺身而出。这意味着，当他们受到欺负或倒霉的时候，你不惜两肋插刀。这意味着，你欣赏的是他们心灵中最美好的一面，即使他们没有发现自己的天赋，你也会努力帮助他们展现出来。如果你用这样的态度处理人际关系，你就能得到可靠的友谊，为你遮风挡雨。

如果你没有为建立可靠的人际关系付出足够的努力，那么，当你发现自己总是与寂寞做伴、无人理睬时，就不足为奇了。

✳ 建立自己的态度拉拉队

那些你所认可并和你十分亲近的人，最终会对你的态度产生极大的影响力。

我没有夸大建立稳固的态度拉拉队的重要性，尤其在需要别人为你指点迷津和加油打气的时候，建立态度拉拉队显得至关重要。当你与团队之外的人商讨某些事情的时候，你无法限制他们分享相关情报。通过建立一支具有共同理想和共同价值观的态度拉拉队，你就可以少向外人求助。

我可以依赖我的态度拉拉队帮助我保持积极的态度、拓展视野。每逢人生的关键转折点，一直有人帮助我寻找新的机遇。我相信你的情况也和我一样，尽管在繁忙的日常生活中，可能你还没有来得及多想这件事情，或者还没有足够信任你的态度拉拉队。花些时间反思你的生活并回顾哪些人曾经是你的命中贵人，可能对你会有好处。

列出你的态度拉拉队名单吧，它可以提醒你，当你的环境或态度恶化时，到底有哪些人可以支持你和帮助你。当你下次有可能感觉孤单无助的时候，想象一下所有那些支持过你、信任过你的人，你就能摒弃负面的想法了。

如果你发现自己垂头丧气，精神委靡，"但愿"、"万一"、"怎么办"的消极想法挥之不去，我建议你重新回想一下他人曾经为你付出的所有努力，并用这样的自我肯定加油打气："我不能让那些信任我、支持我的人感到失望，是我开始相信自己、帮助自己的时候了。"

孤独寂寞、踽踽独行或者沮丧不已的时候，我就会与态度拉拉队中的一两位朋友联系。如果心情更为糟糕的话，我会再多找一两位朋友，或打电话，或发电子邮件，了解一些他们的生活近况。我需要的就是提醒自己，我并不孤单。当然，也有很多时候是他们先给我打电话。我也希望他们这样做，我也想为他们的幸福与平安出点力。

人际关系建立在互惠互利的双向沟通中，每一方都应该有价值，否则，这种关系是不会长久的。

✦ 人际关系网络奠基于互惠互利

建立人际关系网络不仅意味着要撒网联系志同道合的人，而且意味着要努力建立互惠互利的人际关系。总之，关系网建立在服务与分享的态度之上。

在人际关系网络中，有分享才有力量，琳娜·海尔摩就是这样的一个例子。多年之前，她决定举办"教育与启示的开始：面向职业妇女的培训活动"，目的在于鼓励职业妇女继续学习继续成长。关于第一次活动的规模，琳娜原本打算招生125人，结果有四百多人报名参加，显然很多妇女对此非常认同，认为有必要参加这次活动。可以说，琳娜·海尔摩原先的野心并不大，但如今这项活动已经成了一项壮举，吸引了全美八千多位妇女参与。

我是在几年前认识琳娜的，当时她请我在职业妇女双年会上演讲。这次演讲是我人生中最难忘的经历之一。我去现场鼓舞和激励她们，反过来又被她们所激励和鼓舞。当今的妇女，正抱着积极行动的态度奋勇前进。

这个原先面对几百名大学中女性行政人员的研习会，如今已发展成为吸引全美数千名职业妇女参加的双年颁奖活动，每年春天在伊利诺斯大学的校园举行。从一开始，琳娜·海尔摩的作用就非常重要，她要为各个层次的职业妇女提供一个讨论场所，在那里她们可以探索人生理念，学习创新技术，帮助自己走上工作岗位，获得社会认可，登上自我实现的新台阶。这是全美妇女界的一大盛事。

大会坚持为参加者提供富于教育性、启示性和激励性的主题和演讲人。尽管每届会议的主题都有所不同，但关注的焦点一直是相同的——帮助各阶层的妇女建立自信，发展潜能，针对她们在工作和生活中的共同问题，探索理性而现实的解决方案。

第一次与琳娜见面时，她那种积极进取的精神给我留下了非常深刻的印象。她绝对是那种化态度为行动、该做就做的人。在筹办这个大型活动时，她经历了很多难以避免的挫折、风险，但都挺过来了，而且勇往直前，从不气馁。事实上，她开始并未预料到，这项活动会如此成功，发展到如此规模，丰富了如此多人的生活。一旦你做了正确的事情，有共同目标和共同价值观的人们就会聚拢过来，你的人际网络就会发展壮大。

我们的需求往往是一致的，但这个事实经常被忽略，而琳娜则能够关注并开发出其他妇女的需求，使每个人都能够从中获益：每位与会者离开时都能够掌握更多的技能，这可以改善她们的个人生活与职业生涯水平；而琳娜也得以实现她的理想与热情。这种互惠共享的方式，堪称人际关系的最佳典范。

✳ 共同的价值观是根本

组建态度拉拉队，营造人际关系，你的目标或本意应当是去追求自已重要的价值观。其结果是，不仅你本身会得到好处，别人也会因你的努力而受益。优秀的态度拉拉队应当拥有共同的理想和共同的价值观，朝同一个共同的目标努力。把你的态度拉拉队建立在共同价值观的基础上，是非常重要的。

价值观是一个影响态度形成的标准体系，能够帮助你把态度转化为行动。人们会主动或被动地向自己关心或喜爱的事物靠拢。

> 因为你的财宝在那里，你的心也在那里。
>
> ——《圣经》

特定的价值观令我们的行为果决，并且赋予我们的行动以合理性。我组建态度拉拉队时的价值观标准如下：

我组建态度拉拉队时的价值观标准

1. 正直——生活品德高尚
2. 尊重——用爱和尊严对待所有人
3. 诚实——任何情况下都说真话，言出必行
4. 可靠——知道个人责任的重要性
5. 信念——有信仰、希望和自信
6. 爱心——有资源基础和无条件的爱
7. 健康——没有疾病，身材匀称
8. 智慧——有运用知识的能力
9. 同情心——有爱心和助人的热情
10. 成就感——有获得成功的感觉
11. 自我认同——有被欣赏和被看重的感觉

✳ 评估你待人接物的态度

如何建立长远互惠的人际关系呢？请看下列必要的行为原则：

1. 无条件地接受别人

很多人容易以这样的态度要求别人：朋友和家人应当总是符合自己的期望，随叫随到，不唱反调，意见一致，眼光相同。如果你的人际关系用这样的标准要求，那你注定要失望。无条件地表现你的友谊，你才能得到相同的回报。要接受这样的事实：无论是你的朋友，还是你所爱的人，不可能永远和你观念一致，亦步亦趋。他们有自己的眼光，有自己要做的事，要应对自己的人生挑战。如果一个人开始变得行为消极，自暴自弃，或者伤害到你和他人，你就应该尽力帮助他。但是，如果他开始对你的生活产生消极影响，你最好敬而远之。

2. 值得信赖才能赢得信赖

无条件地为人际交往提供善良、诚实和忠信，你才能值得信赖，才能赢得别人的信赖。如果你不尊重别人，就不能期望别人会尊重你。如果你不能露面，却说你会按时赴约；如果你没法提供帮助，却信口开河地说不成问题，你就不要期望下一次别人还会相信你。要想赢得信赖，你必须一步一个脚印，永不松懈。

3. 做好事不求回报

问候一下，写个小卡片，送个小礼物——不经意的善意举动，都会使别人心花怒放。不过，这仅仅是在没有任何附加条件时才会有效。

4. 忠诚，即使别人不讲这一套

忠诚意味着，当朋友被轻视时，你依然尊重朋友，愿意为他们保守秘密。我上大学的时候，我的朋友卡尔文是足球队的全能明星。他身体强壮，肌肉结实，身材中等，是一个出色的球员，是令大家感到自豪的队长。在那年中的某一个星期，我注意到，卡尔文每天训练之后都在公交车站等车。我知道他有车，但猜不出他为什么改乘公交车。我的好奇心大起，就问他要坐车去哪里。开始他不告诉我，但由于我不停地追问，并且发誓保守秘密，他才放心地告诉我。

对我们的同学们来说，卡尔文和我一定非常可笑，但我们确实是乐在其中。忠诚也意味着帮助和鼓励他人实现心愿。有时候甚至要说一些逆耳忠言，以便激励对方更多地发挥天赋。真正的朋友并不总是说你想听的，而是说你应该听的。歌德说过："按照一个人的现状对待他，他可能仍然保持现状；按照一个人的理想来对待他并为他提供帮助，他就可能成为理想中的自己。"

5. 倾听、理解而非妄加评论

在某种程度上，对你所关心的人来说，这是你最容易做到的事情。单纯地倾听看似简单，但实际上，单纯地倾听却不妄加评判是很难做到的。你必须放弃主观想法，才能一心一意地听完别人说话。在你提供意见和建议之前，你首先需要了解对方的想法。你要确保双方产生共鸣，否则，不良的沟通必然会让你付出代价。

造价高达1.25亿美元的火星气候轨道（Mars Climate Orbiter）号宇宙飞船发射9个月后，在展开首次绕星飞行时发生爆炸。这艘距地球4亿英里的美国太空总署的飞船，是两家在太空业务方面有日常合作的公司沟通不畅的牺牲品。在传送至关重要的飞行数据时，一家公司使用的单位是英寸、英尺和英磅，而另一家公司却以为，工程师们已经把这些数据单位转换为毫米和米。两家公司的沟通不畅不仅造成了巨额经济损失，而且使太空计划陷入两难境地。

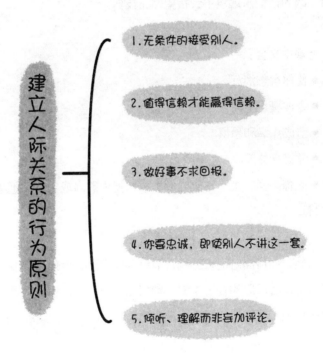

建立人际关系的行为原则

1. 无条件的接受别人。

2. 值得信赖才能赢得信赖。

3. 做好事不求回报。

4. 你要忠诚，即使别人不讲这一套。

5. 倾听、理解而非妄加评论。

✳ 消除态度拉拉队中的毒副作用

我相信，当你用上述五种态度待人接物时，你会结交到各种各样的朋友，从而组成一支积极可靠的态度拉拉队。至关重要的是，你结交的朋友必须是体贴、可靠、忠诚、积极、目标坚定的人，他们的乐观精神可以感染你，他们的积极因素可以激励你，这也是人们不愿与那些消极的人为伍的原因。从本质上讲，悲观主义者对你的态度健康是一种危险。这里有一个小"秘诀"：如果你不得已要借钱，一定要向悲观主义者借，因为他们永远也不会指望你还钱。

悲观主义会：
- 使你意志消沉
- 令你裹足不前
- 造成焦虑和恐惧
- 危害身体健康
- 大惊小怪，把小过失当成失败，把失败当成灾难，把灾难当成世界末日

当然，如何面对消极影响，最终要靠自己，但你何苦要置身于一个需要随时提心吊胆的处境中呢？消极的人容易营造出让人难以保持积极态度的环境，然后把你的态度带向消极的方向，使你脱离正确的方向。

品头论足者
世上有一些人见识浅薄，却不惜花费大量的时间对别人品头论足。

他们酷爱以道德或金钱作为批评标准，从公开批评、泼人冷水到随口乱说、不负责任，都是他们的惯用伎俩，比如，他们常说："要是我才不会那样做呢。"

那些性喜批评的人讨厌别人生活在乐观环境中，这也是可以理解的。对批评狂们来说，乐观主义是天真幼稚、不切实际或浅薄无知的代名词。其实，乐观主义者的态度是"引导、追求或者让困难走开"。有些人的批评中则包含着报复心理。还有一些人，因为他们无法控制自己的生活，所以就想去控制别人，他们奢望每个人都按他们狭隘的是非观念来生活。我们可能不赞同他们的行为，但是如果允许他们进入我们的生活，就有可能影响我们的态度，打乱我们的计划。

职业受害者

你认识生活完全被动的人吗？我知道这是一个听起来很奇怪的问题，但确实存在这样的怪人。他们从不主动做事，总是坐等机会上门。比如，他们会这样说：

这些人成事不足，败事有余，还总爱委过于人。他们的缺点是：

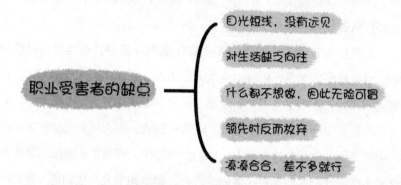

有些受害者总是喜欢抱怨他人，却不愿承担责任。即使有心帮助你克服困难，也会经常成为绊脚石。他们总是感觉无助、无望和高度沮丧，所以千万不要让他们加入你的态度拉拉队，最好贴上一个"受害者止步"的牌子。

肥皂剧明星

看过肥皂剧吗？你可以坦承看过，不会有人从书中跳出来抓你。因为对很多肥皂剧观众来说，很容易产生罪恶的快感。肥皂剧当然不是枯燥乏味的，然而，有些观众把人生也视为没有广告的巨型肥皂剧，他们往往像肥皂剧中人一样，态度高高在上，可能表现得千娇百媚，魅力非凡，自我陶醉，神气活现，想象丰富，引人注目，伶牙俐齿，侃侃而谈。

这些冒牌的肥皂剧主角喜欢戏剧性，喜欢出风头，喜欢把别人当做舞台上的配角，为他们的故事提供陪衬。他们需要一个观众，而你，恰巧被挑中了。

没有中场休息，没有落幕，他们的人生就是一部长期上演的肥皂剧。就在你觉得戏快要结束时，他们又会创造出离开你他们就无法摆脱的新的剧情、新的困境和新的危机。他们是异想天开的控制者，而你则是被操纵的木偶。他们需要你紧跟着他们，为他们的生活作一个见证，而不是一个参与者或可爱的伙伴，你仅仅是一个证人而已。"离开你我无法继续演下去，你一定要救救我！"他们哭诉道。可是，一旦你抢戏，他们马上就会拦住你。

不管你自己的事情多么重要，不管你多么迫切地需要做些自己的事情，他们都一概视而不见。他们的生活就是一个舞台，如果你还聪明的话，就赶快离场吧。告诉他们，你很乐意看重播，但无暇欣赏下出戏了。

毒舌派

这种人有一个口头禅："没有比看到朋友的成功更不幸的事了。"这些愁眉苦脸的人以到处散布他们的痛苦为乐。他们喜欢呼朋引伴，却又易怒，心胸狭窄，满腹牢骚，有仇必报。说话尖酸刻薄是他们最受用的武器。他们幽默的方式往往伤害到别人。他们一直用痛苦来治疗自己的失望、伤害或心痛，但这只会让他们的态度更为恶化。千万别让他们把那些毒药推销给你。

✳ 圈出无毒区

尽管无法完全隔离或彻底驱除所有的恶人，但我们可以少接触他们，以便尽可能地减少对我们态度的影响。可行之道是为他们提供更大的空间以避免互相接触。但不幸的是，这些恶人有时候就是你的亲戚或心爱的人，如果无法完全避开他们，你就应该设法削弱他们的致命影响。下面是一些积极的对策。

案例1：缓和父亲的不良态度

诺勒深爱她的父亲，但不幸的是，不论她什么时候回去看他，他总是对她的生活方式、来往朋友、所作所为品头论足，批评不断。她一直采取不轻易动怒的态度，并试图在精神上改造父亲。她已经学会缓和并扭转父亲的态度，而不是针锋相对、寸步不让。当父亲评价或批评她时，她就对父亲说些好话，或者做出一些善意的举动。她闭口不谈他们关系中的消极成分，只是专注于其中的积极方面。这需要很强的自制力，但她将此视为对自己毅力和成熟度的考验。这种策略对诺勒来说效果很好。当父亲说话尖酸刻薄时，她便以爱心和善意作为回应。她希望自己对父亲的行为和态度能够成为父亲对待自己的榜样。她注意到父亲已经开始慢慢有所改变。

案例2：挽救受害者型的妻子

查理的妻子有专业受害者倾向。她虽然尚未深陷其中，但已为期不远了。每当她陷入受害者情绪中时，查理就会把她生命中经历过的美好往事——道来，以缓和她"啥坏事儿都落到我头上"的不良情绪。她这种情绪是在与著名肥皂剧《我爱露茜》的比较中产生的。查理用温和的幽默作为武器，以化解她的受害者情绪，然后，查理帮助她制订了积极主动的行为策略，并引导她把策略付诸行动，希望她最终能够获得这样的感觉：她完全可以自己追求幸福和成功。

✳ 最佳防卫之道

正面与那些态度消极的人对抗是没有任何好处的。最好的方法，莫过于专心致志地保持自己积极而富于创造力的态度。当然，这不总是那么容易，但是，你会发现，适度的平衡终将水到渠成，无论你的积极态度何时受到威胁，你都可以专注于你的长期目标，避免迷失方向。你会发现，在困难时期，联系一下那些积极态度的支持者，对你很有帮助。这些人始终积极乐观，不仅会为自己的行为负责，而且充满热情，乐于鼓励他人。他们始终相信你具备成功的实力。

态度调节表

评估你待人接物的态度。尽可能无条件地接受别人。

为人诚信，才能赢得信赖。

做好事但不求任何回报。

对人忠诚，尤其当他们不在身边的时候。

倾听别人的心声，理解对方的思想，但不要妄下评论。

圈出无毒区，远离消极人群，避免态度拉拉队遭遇害群之马。

将别人给你的礼物牢记在心，你便是一个成功的人。所谓礼物，就是能指引正确方向的东西。当你把这份礼物转送出去帮助别人时，要记得这可是你的福气呢。

第九章
培养无畏态度：视改变为契机

步骤9：视改变为契机 本步骤帮助你接受改变。同时，视改变为契机，是你应对改变的关键纲领，也是你接受改变的必要策略。接下来，就是欣然接受改变并采取行动，迎接下一个成功。

ATTITUDE
IS EVERYTHING

培养无畏态度

- ◆拥抱变动
- ◆改变与风险管理
- ◆如何应对改变
- ◆认识改变的过程
- ◆积极面对改变的十大对策
- ◆适应改变
- ◆与风险为伍

我忍痛做出了一个艰难的决定：离开IBM，做一名职业演讲人。当这个艰难的决定做出之后，我还有最后一个问题需要解决，我得告诉我的父亲。就像我前边提到的一样，我父亲在同一所社区大学教了36年的书。他推崇工作稳定，爱岗敬业，从一而终，不喜欢经常性地追求新变动、拥抱新生活。

他知道我还有房贷和车贷，这对一个单身汉来讲可不轻松。他也知道我没有演讲合同，没有固定客户，没有担保人。所以，我一点也不感到奇怪：当听说我想转行时，他会有一连串的问题和关心。

儿子，这条路不好走。如果做演讲人这条路没走通，你还有更长远的规划吗？你有房贷和车贷要还，但你却没有一个客户。我想问你几个问题。万一失败，你做好找人合住的准备了吗？

我不怕，爸爸。

自从12岁起，我的个子就比父亲高了。但我想这是我第一次能面对他的质疑而毫无惧意。他沉默了有一两分钟，在心里评估权衡我的决定。而我，就像一个正在等待期末考试成绩的学生。

带着爸爸的祝福，带着不怕付出的无畏态度，我踏上了全新的创业之路。如今，我已经在经济收入和精神满足上得到双丰收，相信我，当初的冒险成功了。如果你想大展身手，继续成长，变动与风险任何时候都是不可避免的。变动是生活的组成部分，风险又是变动的组成部分。要正确面对风险和变动，你必须有勇于付出的无畏态度。

其实，我们在生活中一直都在改变和冒险——在高速公路上开车，开始一段新的人际关系，炒股票，转行，跳槽等，都是生活的组成部分。如果生活总是一成不变，没有风险，你很可能会变得墨守成规、故步自封，并在你的各种生活态度中表现出来。

当我们觉得自己不再进步的时候，态度就会变得消极，其中的常见原因，往往是我们抵制变动，拒绝冒险。

✳ 拥抱变动

上中学时，我的身高已经和成人差不多，在这段时期，我经历了可怕的成长痛苦。我的胫骨和膝盖似乎在夜里隐隐作痛。这种痛苦让我有些惊恐。妈妈告诉我，这种痛苦与"生长板"的自然增长有关，是正常现象。儿童之所以能成长、增高，就是因为他们的四肢骨及脊椎体的上下端，均含有能不断分裂、增殖的组织，即所谓的生长板。由于遗传、营养及身体健康的影响，生长板到某一年龄时就会闭合而停止分裂，而人的身高便从此定格。在生长板闭合之后，即使用任何生长激素或增高器刺激，也无法达到增高目的。我应该高兴地承受这种痛苦，因为这意味着我正在长高长大。

刚刚从IBM转行到演讲圈的日子，我又回想起了母亲的这种解释。痛苦、迷惘和疑惧常常出现。在你追逐梦想的时候，结果更是如此。

从某种意义上说，每个人在人生中都要面对重大的生活变动和意外事件，它们改变我们的生活，让我们无法一成不变。重要的生活变动包括搬迁，结婚，死亡，手术，离婚，升职，降职，退休，断交，怀孕，以及收入变动、小孩出生等。每一次重要的生活变动，都可能引发积极或消极两种后果。当发生重要变动的时候，你必然要经历大量的混乱与不安。如果能把这些痛苦经历当做成长必经的历程，对你会大有裨益的。或许当时你受了不少苦，但从长远看，拥抱人生变动会给你带来许多益处。

有一天我坐飞机时，由于前方出现气流，驾驶员要求大家系好安全带。我做了什么？我向窗外望去，想寻找气流的踪影，结果什么也没有看到。我就没有系安全带。如果你碰巧搭乘过达美航空公司的一架767客机，并且注意到头顶的机舱板有一个大坑，你就能明白，当一个大个子男人不听从飞行员的气流警告、不系安全带时，后果将如何。

我最好的建议一直是"警惕变动"。毕竟，变动是人生中的家常便饭。如果你不相信，请看看你的日程表，你能确定有多少计划变动了？有多少时间地点改变了？如果你和大多数人一样的话，这样的变动会有很多很多。一次会议，可能从周一上午改到了周二下午；一次策划，可能从周五提前到了周四；一次考试，可能被延期到下周举行。面对这样的情况，你必须保持机动灵活，与变动共舞。如果试图抗拒变动，你将承受痛苦；如果保持弹性，就能保持活力。

要采取这样的态度：变动不可避免，如果适应变动，就会做得更好。通过学习新技术，转换新岗位，搬迁新住处，你可以做好拥抱变动的各种准备工作。

由于最小的孩子搬了出去，我的一位朋友最近变成了"空巢人"。对许多父母来说，这是一次很艰难的转变，但是她的态度很积极，不仅欣然接受变动，而且欢迎这个机会的到来：她终于能够在工作中大显身手了。由于家务事分散了精力，她已经五年没有得到晋升了。但是，当孩子们全部离开家庭，她的工作生活又充实起来。

很多人难以接受的另一种变动是——变老，这种变动每天都在发生，但可能在一夜之后才被发现。岁月如水流逝，我们突然发现自己比想象的老多了。有些人很高兴地接受这种现实，有些人则变得忧心忡忡，意志消沉，痛苦不已。

最近，我有幸认识一位高大美丽、举止优雅的70岁女士。在这样的高龄，她仍然乐于拥抱变动，敢于面对风险，她的良好心态深深地打动了我。当我问她平时都做些什么时，她这样回答：

现在，有一种态度值得效仿。莉亚·弗雷德曼已经发现，青春永驻的秘诀就在积极的态度之中。她用积极的态度定义自己，拒绝向陈词滥调妥协，不让年龄的增长对自己产生决定性的影响作用。

✳ 改变与风险管理

由于现今的职场动荡频仍，我经常接到关于"改变与风险管理"的演讲邀请。合并、裁员与机构重组等字眼每天都出现在媒体主题中。

随着企业文化的转换，雇员们面临着一系列可能影响个人生活与职业生涯变动的冲击。他们经常需要做出冒险的决定，越来越多的人正在做出和我当初一样的决定——追逐激情，做自由职业者、独立咨询人或自主创业的老板；另外一些人则定期调换部门，加入专案组，或派驻到其他地区，他们同样需要选择，需要冒险，需要面对挑战。

面临挑战时，预先了解可能发生的状况，对你是有帮助的。否则，当你的情绪产生波动时，你还搞不清是什么原因呢。变动一般包括两种：计划内变动与计划外变动。计划内变动是你主动选择的结果，能在某种程度上改善你的生活。比如，你可以参加一门特别的课程，学习一种新的技能，开展一个减肥计划，等等。由于这种变动是你主动选择的，你会觉得生活仍在掌控之中。而计划外变动则是环境强加于你的结果，你根本无法控制。比如，车胎没气了，被公司解雇了，身体出毛病了，亲友去世了等，都给人以很大压力，甚至打乱了原有的生活秩序。但是，你可以控制态度，可以选择如何面对变动。

那些抵制变动的人都患上了我所谓的变动恐惧症，这种病使你无法充分享受人生，影响你发挥潜力的水平。面对变动时，你经常故步自封吗？你经常过于敏感吗？你经常疑神疑鬼吗？你开始频频怪罪别人吗？你否认因此而心烦意乱吗？你有"是的，但是……"这种综合征吗？如果答案全是肯定的，那很可能你已经患上变动恐惧症了。

我的姐姐托尼给我讲过她的同事比尔的故事。比尔很显然得过这种威胁事业的变动恐惧症。托尼是第一批美国大城市女性警察局长之一。你大概能想象得到，如果她只是一个羞涩温顺的人，是不可能升到这个位置的。她作风强硬——当然，这是用她自己独特的女性化方式。在当上局长之后，她在局内搞了多项改革，而有些新局长可能需要上任半年左右，才做出大的举动。托尼比较喜欢"先制造混乱，然后再给每个人半年的时间去适应"。

警察们不大可能在沉默中忍受。有三四位警官感到不悦，其中比尔对这位新局长和她的改革尤其难以适应。他犯了一个错误，把一个看起来比较恐怖的信息发到了同事的笔记本电脑中，声称自己由于工作变动，心情不顺，如果一时控制不住，有可能再一次引发邮局凶杀事件。他觉得自己不过是开个玩笑而已，但是我的姐姐认为这不是闹着玩的，对一个带枪的男人来说，不能对他的这种想法掉以轻心。她命令他去做心理测试，以便弄清楚他是否无法适应工作上的变动。据托尼说，比尔同意去做心理咨询，态度也已经有所改善。

很多人对变动非常恐惧。有时候，他们宁愿维持不愉快的消极现状，也不愿意离开熟悉的生活，转向陌生的新领域。这大概就是虐待关系能长期存在的深层原因吧，因为即使情况再悲惨，被虐待者也不愿离开。

我的一位朋友终于认识到，接受变动，人生会变得更加美好。下面就是她讲述的亲身经历。

> 我从未想过我的婚姻会走向尽头。我们已经结婚10年了。从我12岁起，我就认识了我现在的丈夫。然而，我曾经坐在法律顾问的办公室里，想弄清楚我都做错了什么。事实上，我没有做错任何事情。我们的婚姻已经出现了问题，我的丈夫酗酒，他已经让我们的婚姻无法维系下去了。但还有一些深层的因素使我犹豫，让我继续艰难地维持着这种非常不健康、不安全的夫妻关系。通过咨询，我发现这个深层因素就是恐惧。

　　我一向自立自强。我受过良好的教育，有一份不错的工作，靠自己绝对能够谋生，甚至可以活得很好。我还有婚前的房子和一些存款，车贷已经还完了，但我发现还是很难下决心离婚。当然，我还爱我的丈夫，但这并非是我尚未离婚的根本原因。直到我认清，我想离开的需求已经超过我对他的爱，我才决心离婚。

　　我的法律顾问和我一起设定了行动日期，并在日历上圈了出来，待办事项也已列好清单。然而，当那些期限来临的时候，我仍然在找借口拖延。问题的根源在于，我害怕生活产生变化。

　　在接受6个多月的心理咨询后，我终于克服了对变动的恐惧，准备离婚。我一直害怕承认自己是个失败的妻子，一直害怕在这个我认为更强调"婚姻"的世界里变成单身女人，一直害怕一切得从头再来。因此，在改变态度之前，我无法改变我的生活。在认识健康人生的积极性之前，我注定会维持那种不健康的现状。我终于做出了改变。结果，离婚事宜很快就办好了，我为自己创造了一个健康的生活环境。如今，我过着非常阳光、富足的生活，我精神坚强，工作顺利，朋友很多，其中包括我的前夫。接受变动，可以让生活变得更加美好。只是有些时候我们需要首先克服对变动的恐惧。

✳ 如何应对改变

　　你面对变动的态度，决定了是由你来控制生活，还是由生活来控制你。应对改变有四种基本的态度方式：

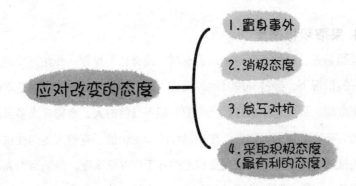

1. 置身事外

当IBM第一次宣布裁员的消息时，我的有些同事认为不会波及自身。其实，他们采取了拒绝的态度，有意忽视IBM这项基本政策的重大变动。相信我，他们不可能长久地独善其身。他们的工作和生活迟早都会因此而发生变动。

2. 消极态度

在我的同事中间，普遍性的态度反应是消极的——非常容易理解，这是面对变动时的一种典型的、直觉的反应。这些消极反应的表现，从嘲讽到大怒都有，尤其容易出现在那些感受到最大威胁和最大背叛的员工身上。但事实上，很多人抱怨过头了。

3. 怠工对抗

有个工作部门的员工接到通知，半年之内30％的人将被解雇。这些员工开始捣蛋，与公司对着干。他们认为，既然公司要解雇他们，亵渎了他们对公司的信任，他们就不必再努力工作了。他们不但破坏了公司

的决策，而且严重影响了被转介到IBM之外继续工作的机会。

4. 采取积极态度

显而易见，这种态度对你最为有利。或许它不是你一开始的反应，然而一般情况下，经过一段时间的反思之后，你是可以找到应对变动的积极态度的。那些在IBM对自己的能力相当自信的人，看起来大多采取了积极的态度。他们相信自己在市场经济中的价值，有些人还向往这种跳槽的挑战，因为有可能找到更稳定的好工作养活家庭。他们努力强化自己的就业实力，坚强地面对各种挑战。当然，他们也有自己的烦恼，但是他们愿意接受变动的挑战，并认真准备应对之策。

✳ 认识改变的过程

为了克服对变动的恐惧，你首先需要了解变动的自然发展过程，要知道，面对变动时我们都会承受精神的压力，这是生活的组成部分。并非只有你一个人感受到焦虑和恐惧。

第一个阶段：我做好心理准备了吗？

在这个阶段，你对冒险的恐惧到了极点。这是一个令人恐怖的时间段，就像你正站在高空跳水的平台上，犹豫是否应该纵身跳下。你更害怕什么？是更害怕丢脸地顺着梯子爬下来回到原地，还是更害怕跳下高台，击打水面，溅起一片美丽的水花？

这通常是变动过程中心灵最受煎熬的一个阶段，因为你的确有机会回到舒适地带，或至少暂时逃离未知的世界，回到熟悉的世界。但是，如

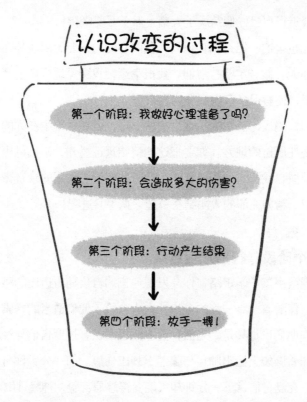

果一直按兵不动，你是不可能进步的，但你又不可能总是原地踏步。要知道，此时感到有些恐惧、有些失落、有些胆怯是很自然的，但同时，你也会感觉到一种开始新生活的兴奋，放手一搏的冲动，以及对新选择、新机遇的追求。

这两种截然不同的感受，出现在变动过程中都是很自然的。接受这个事实吧，然后下定决心，大胆尝试一切需要你做的事情，向前迈进。

第二个阶段：会造成多大的伤害？

一旦你豁出去纵身迈出这一步，你会体验到像自由落体般失去方向和不安全的感觉。你会感到不踏实，有些失落，甚至会怀念从前的熟悉生活。你会觉得自己好像铸成了大错。但千万要坚持！

开始我也害怕，但是我认识到，我内心的力量要比那些外在的影响力量更加强大。你一定要有信仰。我很幸运，我深深地信仰上帝，相信祈祷的力量，还有很多亲朋好友为我祈祷。

要明白，消极与恐惧的情绪会突然出现，但往往集中在你的前方，而不是你现在所待的地方。你要把这些情绪远远抛开，不怕付出，勇往直前。设计些自我肯定的积极话语，倾听些有励志作用的录音带，把那些积极进取、精力充沛的人团结在一起，携手共进吧！

第三个阶段：行动产生结果

通过观察小孩子学走路，你会发现他们的自信随着迈出的每一步而逐渐增长。伴随着一点一滴的进步，大人会给予他们适当的探索与冒险空间，允许他们自行其是。当然，前方危机四伏，过度自信与经验不足都可能意味着脑袋上撞出肿包与膝盖上划出伤痕。前一分钟你可能还在兴高采烈，充满自信，下一分钟却可能变得愁眉苦脸，神经过敏。

当把变动视为生活的常态时，你将学会欢迎新机遇，欢迎新挑战。当你开始逐渐地掌控生活时，你的恐惧感会逐渐减少，你的自信心会逐渐增多。其间可能会有挫折，但曾经有过的冒险突围经历，会给你带来崭新的自我肯定感。

持续的变动要求你采取行动，做出计划并加以反思。一次就专心做一件事，不要让自己被累垮，这绝对是明智之举。在工作和为人方面保持适当的平衡，对你也大有裨益。唤起你的信念和精神的时候到了！

第四个阶段：放手一搏！

迎接焕然一新的你吧！你仍然需要去理解：生活中有无数的挑战，

要保持自信以应对变动。

这个时候，你不会再愿意去别的舒适地方过安逸的生活，相反，不论在工作上还是为人处世上，你都应该努力把眼光放远，设定新目标，完善自己，为自己搭建更广阔的人生舞台，创造更独特的人生价值。

✳ 积极面对改变的十大对策

1. 探索潜意识的力量

要抓住机会，用积极的态度改造思想，以便更好地应对正在发生的各种变动。不要赖床不起，牢骚满腹，而要按时起床，感谢上苍又赐予你新的一天，让你品味人生，然后，花几分钟时间考虑好一天的工作计划，制定好积极应对新挑战的策略。

我有个每天起床后鼓掌数次的习惯，为的是欢迎新的一天，并在心理上唤醒自己以应对挑战。有时候，我会感觉自己这样做有点怪异，但我还是坚持不变。因为，别的不说，它让我因自己而发笑，而笑声往往是拉开一天序幕的最好途径。

2. 深谋远虑，将眼光放远

在职业足球队中，绿湾包装人队的已故教练文斯·劳姆巴迪是最擅长激励队员的名人之一。每次训练或比赛前，他都要求队员们对着镜子询问自己："我看到的这个人，是会帮我赢得比赛，还是会妨碍我赢得比赛？"当你对镜自照时，你看到的这个人，可以尽最大的力量改善你的生活，改变你的态度，提升你的标准，克服你的局限性。

当你对镜自照时，还要审视一下自己的内心对话，要对任何与当前变动有关的消极负面、自暴自弃的内心想法保持警惕。想象一下你把消极主义与悲观主义扫地出门的情形，并用积极的态度取而代之吧。

3. 时刻把长期目标放在心头

有了明确的目标，你就可以集中精力，向着目标前进。在这样的情境中，想象可以发挥很大作用。我相信，如果你能在脑海里看到未来的景象，你就能将它实现。

当你专注于目标时，你会重新找到操控人生的感觉，你的自尊心会增强，而且你会意识到，外界的任何风吹草动，都无法动摇到你的心志。

4. 避免习得性无助感

据估计，在DVD影碟机出现之前，美国90%的录像机没有设定时钟，因为机主们觉得设定程序太复杂，大多数人甚至从来没有尝试设定过。也许你现在还有一台没有设定时钟的录像机。这就是"习得性无助感"（learned helplessness）的一个例子。

我的很多IBM同事对这种习得性无助感非常熟悉："面对这种变动，面对这些发生在我头上的事，我无能为力，为什么还要试呢？"为什么？因为如果你不想主导生活，生活就会主导你。如果你找不到人生方向，生活就会带着你随波逐流。如果你决定不了要去哪儿，生活就可能把你带往你根本不想去的地方。

你或许无法阻止生活中发生不如意的事情，但是你可以按规划采取积极行动，尽可能地解决问题。你并非孤单无助，你有无穷的力量去采取行动，去设定目标，并逐一实现它们。这个世界上排除万难、功成名就的人，何止百万！

5. 保持身心平衡

无论是应对计划内的变动，还是应对计划外的变动，都是富于挑战性的。因此，保持身心平衡十分重要。而要做到这一点，充分的休息、健康的饮食和有规律的运动都是十分重要的。与家人朋友欢聚，远离工作压力，也是一种必要的社会宣泄渠道。

有时候，我们不能充分理解变动对我们生活中各个方面所造成的影响。这时候，一定要弄清楚，它到底如何影响到我们对工作、对家庭、对所爱之人、对财务安全、对人生信念的态度，并且努力保持积极心态，解决其他人生问题。

6. 接受改变

不要忽视变动。有些时候，突破现状、实现人生飞跃的最好途径就是放手一搏，努力争取更好的生活。放手一搏，可以让你更好地释放昔日的痛苦、失败与沮丧。接受变动需要时间，一般来说它是一个渐进的过程。到最后，你唯一能改变的就是你自己，但有些时候，改变自己最终能改变一切。

7. 化威胁为转机

当变动似乎构成威胁时，你可以把它转化为机遇。我有一位朋友，他工作的部门经历过一次彻底的调整，那些在舒适的岗位上工作多年的老员工被分派了新的工作任务。很多人对此进行抵制，有些人甚至愤而辞职，痛苦的气氛笼罩着全部门。我的朋友当然也不高兴，他本来有一个很不错的工作，但他也始终明白，由于行业的特性，总有一天他的工作内容会有所变动。他接受了一个付出更多但快乐更少的工作，但他把这次变动视为一个可以增长知识与经验的机遇。果不其然，他现在干得很好，而他以前的很多同事仍然天天处于不得志的痛苦之中。

8. 视改变为挑战

小马丁·路德·金说过："评价一个人的最终标准，不是看他在顺境中如何表现，而是看他在逆境中如何奋斗。"在某种程度上，挑战帮助你认识自己。变动也可以帮助你认识自己；挑战逼迫你离开安乐窝，变动也会逼迫你离开安乐窝；挑战帮助你再次认清你最看重什么，变动也是一样。

9. 启动正向能量

当我发现具有潜在消极因素的变动来临时，我会像发现感冒一样进行应对：尽最大努力增强我的自然抵抗力。如果感冒了，我会吃维生素和营养品，并加大每天的锻炼力度以增强体力；如果消极的变动出现了，我会每日早、中、晚三次做自我肯定练习，我还从我的励志语录中寻找积极面对变动的精神力量。

为什么你拥有很多，生活中却索取甚少？只因你勇于在思想的海洋中特立独行。

——凯瑟琳·庞德

因你们已脱去旧人和旧人的行为，穿上了新人；这新人在知识上渐渐更新，正如造物主的形象。

——《圣经》

无论是过去的挑战，还是将来的挑战，与我们的精神力量相比，都是微不足道的。

——奥立佛·温德尔·荷马

当变动进入你的生活时，量身定做积极的自我肯定的口号对保持积极的态度是很有帮助的。下面我举出一些例子，供你参考。

● 我接受这个变动事实，而且试图把这个威胁转化为机遇，以取得更大的成就。

● 我理解变动是生活中不可或缺的组成部分，并且我会集中精力寻找解决办法，而不是只盯着由变动引发的各种问题。

● 我会步步为营地管理变动。我会首先专注于最容易解决的挑战，以建立自信心和成功的变动管理模式。

● 面对变动的挑战，我会立即迎战，绝不拖延。我愿意从今天开始，在变动中建立美好的明天。我知道机不可失，时不再来。

● 我愿意付出任何代价去掌控变动，保持身心平衡。

● 天无绝人之路。

● 只有从内心自我改造，才能成功应对周围的变动。

● 我希望家人、朋友、榜样和顾问能帮助我共同应对变动。

● 我会耐心地、镇定地经历四个变动阶段，并且勇往直前。

● 在变动中取得的每一点成绩，我都会庆贺。在变动中得到的每一次祝福，我都会感激。

一旦你从变动中成功走出，那么，在回顾中多想想你曾经获得的积极成果以及曾经持有的积极态度，对你也是很有帮助的。

10. 向态度拉拉队求援

为什么要努力建立和经营人际关系？因为在需要的时候，你可以向他们求援。在你面临困难和挑战的时候，那些真正关心你的人，会乐意成为你的靠山。因为他们知道，当他们遇到麻烦时，你也会站出来伸出援手。我的祖母一辈子都在支持我，所以我也想努力回报。最近几年，我们的角色掉转过来了，因为她的依赖性越来越大，而我则越来越自立，但是，我们之间的亲密关系依然如故。

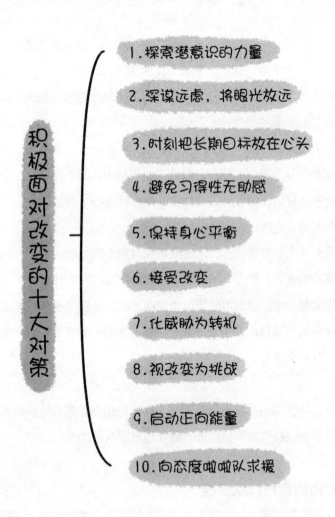

✳ **适应改变**

　　芭芭拉因车祸造成脊椎损伤，导致全身从脖子以下瘫痪。她在医院住了5个多月。她说，她根本没有时间沮丧，因为仅身体恢复一项就耗掉了她所有的精力。在遭受人生重创的这段日子里，她依然保持着积极的态度，身体恢复的每一点点进步，都令她快乐不已。由于好几个月她都无法自己用手吃饭，她就从刷牙这件事上寻找乐趣。当第一次在瓷砖地面上靠自己的力量把轮椅推进10英尺后，她不禁喜极而泣。每取得一点成绩，她都会为自己喝彩。

　　她的目标之一就是可以在出院那天自己走出医院。尽管她没能走太远，但她做到了。当她回到家里，一连串新挑战正在等着她，但她依然积极而活跃。她需要精神鼓励，于是她决定重返工作岗位。上班时她靠拐杖行动，但在家里仍然用轮椅，因为这样更轻松些，尤其在做家务的时候更是如此。她也学会了向别人请求帮助，尽管这并不符合她的天性。

我努力活得快乐些，把每天都当作生命中的最后一天来过，事实上情况也差不多是这样。我的人生故事还没有结束，正在进行当中。

我的最终目标是不用拐杖走路，谁又敢说我做不到呢？

✳ 与风险为伍

　　每次变动都伴随着风险。但如果我们能像芭芭拉一样采取积极态度，就可以降低出现消极后果的风险概率。风险是无法避免的，但是我们可以选择以什么样的人生态度看待变动。我每坐一次飞机，就是在冒一次险。我必须信任驾驶员的能力、飞机的安全性能，以及上帝的全程保佑。我每讲演一次，也是在冒险。我可能不受欢迎，可能中间忘词。但只要采取尽力而为、聚精会神的态度，就可以制造良好影响，传达积极信息。我已经发现自己愿意并且有能力承受风险。

　　毕竟，历史站在了许许多多的冒险家一边，他们在这个世界上收获了成功。请看下面的一些例子。

　　当威尔玛·曼琪勒决心成为俄克拉荷马州（Oklahoma）切诺基部落（Cherokee Nation）的第一位女酋长时，她知道其间肯定有很多风险。虽然她还不清楚到底会有哪些风险，但诸如故意破坏、死亡威胁等各种各样的恐吓都在竞选活动中出现了。1987年，在赢得历史性的选举之后，她不仅使切诺基部落获得了新生，而且重建了它的集体意识。作为一位充满勇气和伟大精神力量的女性，她又一次赢得了民族的钦佩。

史蒂夫·乔布斯和史蒂夫·沃兹尼亚克努力为他们的一款计算机（即后来的苹果机）在硅谷寻找风险投资，但到处碰壁，无人理睬。尽管如此，他们不怕风险，锲而不舍，最终引领了高科技的企业风潮。

当查尔斯·达罗把他的游戏设计方案送到帕克兄弟公司（Parker-Brothers）时，最初被委婉地拒绝了。帕克兄弟公司援引了52条理由，证明他的游戏永远无法赚钱。其中一条理由是，这种不动产游戏无法引起任何人的兴趣。然而万幸的是达罗坚持没有放弃。后来，他发明的游戏《大富翁》（*Monopoly*）成了最畅销的经典游戏。

比尔·李尔是汽车音响的发明者。人们告诉他，这个东西没前途，因为它太容易让驾驶员分心了。不幸的是，他听信了这种看法，并把创意卖给了摩托罗拉的前身高尔文制造公司。后来，李尔又提出了一个开公司制造私人和商用飞机的设想，这一次他力排众议，坚持到底，最终让李尔飞机（Lear Jets）发展成为该产业的龙头。

当弗瑞德·史密斯在耶鲁大学就读时，曾经在企业管理课程的作业中提出过一个构想，那就是成立一家24小时服务的邮政公司，以展开与美国邮政公司（U. S. Postal Service）的竞争。教授告诉他，这个想法非常有意思，计划也很完备，但是缺乏可行性。他的成绩是C。但不久之后，他创立的"联邦快递"（Ferderal Express）业绩一飞冲天，大把地赚取美元。

当你接受有失才能有得的观念时，你就已经做好冒险的准备了。冒险，需要在跨出安乐窝的同时，保持坚定的信念。有无冒险的意愿，可能决定了你未来的生活能否得到回报。如果你因为别人的什么说法或自己心生的恐惧而丧失了冒险的勇气，那么不要自卑，很多人都曾经如此。当我们打算改变自己的生活时，我们都听到过令人泄气的风凉话。

有些时候，如果你对自己的梦想坚信不疑，就必须抛弃那些世俗之见。大多数获得丰功伟绩的人，都是不惧风险、不怕流言的，要从这些事实中振作起来。看看下面这些早已无人理睬的泄气话吧，日后的事实证明了它们是极其可笑的。

"这种'电话'缺陷太多，根本不可能成为通信工具。"

——西联公司（1876）

"重于空气的飞行器纯属异想天开。"

——凯尔文爵士，英国皇家会社主席（1895）

"凡是能够发明出来的东西，都已经发明出来了。"

——美国专利局局长（1899）

"股票行情看来已经涨到最高点了。"

——艾尔文·费舍尔，耶鲁大学经济学教授（1929）

"我想，全世界大概可以卖出五台电脑吧。"

——托马斯·沃森，IBM董事长（1943）

"我们不喜欢他们的声音，而且吉他音乐马上快过时了。"

——笛卡唱片公司，用这个理由拒绝了披头士（1962）

"但是……这种微芯片有什么用？"

——IBM工程师对微芯片的评论（1968）

"640K的容量对任何人都足够用了。"

——比尔·盖茨（1981）

"开蛋糕店不是个好项目。而且，市场研究报告显示，美国人喜欢松脆的饼干，不喜欢你这种软软的、耐嚼的玩意儿。"

——一个投资商对黛比·菲尔兹的商业提案的答复（1977）

积极的变化经常在巨大的飞跃中实现。冒险时，你可能需要把很多疑虑和质疑的目光抛在脑后，但你往往能够得到人生中最大的回报。要将变动视为人生的组成部分，做出明智的抉择，当变动可能改善你的人生质量时，何妨冒险一试？

态度调节表

以尽力而为、不怕付出的态度拥抱变动。

列举机遇与损失的相对性。

为自己喝彩:无论是现在的自己,还是理想的自己。

不要惊慌,变动不可能在一夜间发生。

多听快听,少说慢说。

只有改变态度,才能改变人生。

消除变动恐惧症。

在了解变动的过程之前,先自问下列问题:有不怕牺牲的心理准备吗?可能造成多大的伤害?我的行动会产生如愿以偿的结果吗?

选择是你的权利,改变是生活的本质,拥抱它吧!

第 十 章
留下永恒的印记

　　步骤10：留下永恒的精神财富　在这个最后的步骤中，你会发现，在他人的生命中留下影响，不仅很重要，而且是对自我实现的一种奖励。有鉴于此，你必将进一步激发出把态度转化为行动的力量。

ATTITUDE
IS EVERYTHING

留下永恒的印记

- ◆ 以智慧勇闯难关
- ◆ 留下永恒的精神财富
- ◆ 教育是创造精神财富的基础
- ◆ 许愿激发生命力
- ◆ 常年行善举
- ◆ 赠送视力
- ◆ 人生以服务为目的
- ◆ 留下印记，发挥影响力
- ◆ 超越自我，造福社会

在我自己开公司之前，我读过由麦勒斯·门罗博士写的《释放你的潜能》一书。特别巧合的是，两周之后我们竟然在一架飞机上相遇了。他还给我讲了一个13岁的加纳少年的故事。这位少年出生在一个非常贫穷的乡村里，他此生最大的心愿就是改善家乡人的生活。十几岁时，他就离开了家乡，希望能找到财富并带回家乡。

整整七年，这位少年从没有与亲朋好友联系过。一天，他突然回到了村里，被乡亲们围了起来。

这位年轻人一言不发，转身走向自家的小茅屋，把这三粒种子种在屋旁。后来从这里长出了由加纳培育的第一株可可树，然后是第二株，第三株。如今，可可是加纳的主要农作物之一。

门罗博士讲完故事后说道："去播种吧，去为别人做些积极的事情。上帝会保佑你的。记住，有些人会说他们将来可以帮助你，但他们未必真能兑现诺言。不要依赖他们，因为很多时候他们缺乏必要的信息、睿智或见识，因而无法帮助你达成目标。为什么呢？因为他们没有能让你生根开花的种子。但是，还有另外一些人可以在将来为你提供帮助，因为他们将带给你希望的种子，他们将与你的梦想、你的激情联系在一起，支持你走向未来。"

"在超市中，有时候你可以看到两种水果，一种是有籽的，一种是无籽的。但是，如果你看不到水果的内部，你就无法看出两者的不同。看人也是这样。在有机会看到他们的内心之前，你无法知道他们到底是什么类型的人。"

门罗博士继续总结：

我希望你把自己当成一粒种子来栽培，因为，像种子一样，当外面的硬壳即将脱落时，你将摆脱过去的一切负面经历，植入理想的土壤，经历漫长的冬夜与炎热的夏日。为了圆梦，是必然要付出代价的。

你会开始向下扎根，当根基稳固之后，你将可以全力以赴，你将变得意志坚强，任何人都不能让你放弃对目标的追求。

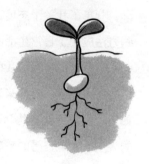

有朝一日，你将破土而出、茁壮成长。

行动起来吧，成长的动力将引领你一路前行。当你破土而出后，你会亲眼目睹昔日努力的成果。你知道自己已经准备好了，从此可以大显身手，把积极的种子植入他人的心灵之中。

我非常理解门罗博士话中的含义。当飞机在亚特兰大降落之后，我们得知他要转乘的航班延误了。"我估计还可以和你在一起待两个多小时。"他说。我们又聊了很多关于人生的话题。他告诉我他即将在巴哈马举行一个关于领导能力的讨论会，并邀请我参加。我查看我的日程安排，发现IBM已经预订了本周除周五外的所有时间，而周五正好是门罗博士预定演讲的日子。

那一天，我及时抵达会议地点，聆听了门罗博士两小时的演讲，事实证明，真是不虚此行。在两个小时之内，我的收获可能是某些人一辈子也得不到的。我从中学习到，人生中最重要的事情就是认清目标，发挥潜能，然后把积极的种子——希望、爱、鼓励、信念——深植到他人的人生土壤中。

如今，对上帝、牧师、家人和朋友们在我的心田中种下的所有积极的种子，我都满怀感恩之心。在前文中，我已经与你分享了我的人生哲学，分享了我关于态度评估、态度管理和态度监控的方法，分享了把这些方法应用于日常生活的实践途径；我已经向你介绍了把积极态度转化为积极行动的过程。我的目的是帮助你认识到，你的态度会影响到你所做的每一件事。对你来说，无论过去发生了什么，无论何时何地、状态如何，你都可以借助合适的态度和必要的行动一路前行，从而改变自己的人生，实现自己的梦想。

✦ 以智慧勇闯难关

与有些人比起来，我遇到过的不少挑战都微不足道。我的朋友和顾问阿特·博格就是我曾经遇到的最具启示性的人物之一。阿特已经于

2002年2月离开人世，此时距他的40岁生日只有两个月，不过，他在40年的短暂人生中所留下的影响仍在发挥作用。21岁时，阿特刚刚成立自己的网球场建设公司，正准备与女朋友结婚，不料却碰上了一起严重的车祸。阿特的朋友开车时打瞌睡了，车子撞上了防洪堤，阿特从车子中被甩了出去，脖子折断，四肢瘫痪。医生们说他可能永远无法工作了，无法再生育子女，无法再在运动场上驰骋。

他的公司倒闭，长时间找不到工作。有人劝他改变过正常生活的想法，接受自己身体残废的事实，但是阿特一直没有失去积极的生活态度。他最喜欢的一句自我肯定的话语就是拿破仑·希尔所说的："大难不死，必有后福。"

阿特对此深信不疑，他选择了这样的态度："我坚定地认为，这场灾难将是我人生中最伟大的经历。"他决心自立。他说服了贝尔大西洋（Bell Atlantic）公司聘用他，因为他告诉公司，如果30天之内他的销售额不能超过公司最好的推销员，他会分文不取，自动离职。在该公司工作的前三年中，他连续三年获得全国优秀销售奖。他和女朋友结了婚，搬到了犹他州居住，在那里开设了连锁书店。1992年，他当选为犹他州年度青年企业家。然后，他写了一本书，名字叫《奇迹》（*Some Miracles Take Time*），还成立了一家传播公司，专门打理他的公开演讲业务。后来，阿特成了全美最出色的职业演说家之一。38岁的时候，他入选演说家名人堂（Speakers Hall of Fame），并于2003年成为美国演说家协会（National Speakers Association）的主席。

如此悲惨的身体打击肯定令人痛苦万分，但是阿特是我有幸认识的最乐观、最热情、最开朗的人之一。阿特是一个世界级的轮椅选手，1993年7月10日，他创造了一项世界纪录，成为首批四人组成员，参加全长325英里、从犹他州的盐湖城到圣乔治城的超级马拉松赛。除此之外，他还做过许多对他的四肢毫无益处的事情。

我办公室的墙上挂着一张阿特的海报。海报描绘的是他参加犹他州圣乔治城举行的26英里攀登比赛的形象，他坐在轮椅上，低着头，正在攀爬一座陡峭的山岗。海报中没有揭示出来的，是这个山岗有5英里长，而且非常陡峭。如果阿特的头再高出膝盖一英寸，他就有可能翻下山去。由于阿特无法用手指推动轮椅前进，所以，他要先用手掌推动轮子，然后再用手腕和手背推动自己前进。一次推一下，阿特就这样爬上了山顶。

就这样靠着一下一下的艰难推动，阿特获得了他所有的人生成就——包括事业上的和生活上的。当大多数人在努力寻找阻力最小的路线时，阿特却在寻找更加崇高的道路。他不关注代价多大，伤害多少，只关注能把自己带到多高的境界。阿特不愿只谈论伟大的理论，行动才是他真正的个性标记。他似乎从来不为失败而担心。他会说："失败越多，成功越多。"

尽管经历过令人难以想象的毁灭性的悲剧，尽管每天都要面对着残废的自己生活下去，阿特仍然保持着积极的人生态度，坚强不屈，充满活力，这使他成为伟大的人生典范。

阿特不仅领悟并发挥了积极态度的力量，而且致力于与他人分享。

> 车祸之前，我所追求的，只是谋生的途径，车祸之后，我所追求的是如何对社会有所贡献。

阿特的贡献是不会被人遗忘的。它们真正地改变了无数人的生活。

我朋友的故事确实令人难以置信，但是我不愿意给你留下这样的印象：你也必须具备某种不同凡响的经历，才能为这个世界贡献力量。这是因为，不论是谁，每个人都有力量去选择积极正确的态度，每个人都有能力去一展身手并帮助他人。

为什么阿特能做到这一切呢？他经常告诉我："因为这可以让上帝感到荣耀，他引领我走到现在；因为这可以作为一个证据，爱我的上帝给了我时间、成就和力量。一切的一切，都存在于上帝完美的意志之中，正因为如此，我们正当的愿望才得以实现。它们成为沿途的一个个奇迹，给予我们追求灿烂明天的完美希望。"

不仅如此，阿特还让与他交往过的人也感到明天更灿烂。无论什么时候给他打电话，我总是注意到有三件事情发生：他会经常提到要为家人做什么事，或者与家人一起做什么事；他总是鼓励我，让我相信我可以做那些不可能做到的事情；每次通话快结束的时候，他会告诉我"我爱你，兄弟"。对于阿特，我想说，我们真的非常非常想念你，感谢你，感谢你教会我们实现了生命中的又一次飞跃。如果说困难的事情会占用时间，那么不可能的事情不过是占用的时间稍长而已。我们爱你，兄弟！

失败越多，成功越多。

✳ 留下永恒的精神财富

当收到一位先生的一本书和一封信之后，我的人生态度从此发生了改变。不幸的是，我忘记了这位先生的名字，但我们曾经一起参加过一个关于自我成长的课程。他在信中提到，在那三天的课程中，我一直是他的福星，因此，他随信附送我一本齐格·齐格拉著的《相约成功之巅》，以示感谢与共勉。齐格出生在大萧条时期密西西比的雅鲁，家中有12个孩子。他长大后成为成功的推销员，并成为一名国内顶尖的励志演说家与作家。

他的书成了我的福星，甚至远远不止是福星。我天天读，一遍一遍地读，整整读了一年。它先是帮助我改变了态度，最终帮助我改变了人生。《相约成功之巅》是最早让我理解到态度的力量的励志书籍之一。贯穿在书籍之中的诸多神圣信条，对我的人生产生了巨大影响。

在齐格从事励志演说事业期间，有数百万人受到他的鼓舞。他不仅为那些他亲身接触过的人留下了精神财富，而且鼓舞他们把这些精神财富留给社会。

1980年，当詹妮勒·黑尔被诊断出患有乳腺癌时，就是齐格·齐格拉的话给了她面对考验必需的勇气。在那之前两年，詹妮勒听过齐格的演讲，对她来说，齐格的话不仅是一种积极的思想，而且是一种能够带来鼓舞与希望的生活方式。确实，她学会了积极思考，也学会了拥有梦想，学会了努力去实现梦想。

然而，当癌症进入她的生活时，恐惧还是在她心中迅速扩散，萦绕不去。甚至在手术成功、状况良好的情况下，死亡以及可能离开心爱的孩子和丈夫的忧虑，依然是绵绵不绝的心理折磨。"今天是我要死的日子吗？"每当这个声音在心中回响，恐惧的情绪就把她压垮。恐惧——而不是乳腺癌——成了她的死敌。

尽管这些想法无情地折磨着她，她仍然对齐格·齐格拉的话坚信不疑。这些话给了她内在的力量和安全感，因为它们都来源于坚定的爱。最终，她发现了问题的关键所在，她可以祈祷："感谢您，上帝，我有两只手，可以工作；我有两只脚，可以带我到想去的地方；我有一张嘴，可以传扬您的仁慈；但最重要的是，我有一颗热爱和帮助他人的心。"

就在那一刻，上帝治愈了她心灵的创伤。詹妮勒知道，除非她自己想死，否则无论是疾病，还是由此引发的恐惧，都无法让她的生命停止，她不想死！她想在这场灾难中学习、成长并过得更好，而不只是收获痛苦。所以，她开始关注自己人生中积极的一面，开始展望上帝会对她寄予何种期望。随着这种新的生活观念在她心中涌起，除了分享已经学到的东西外，詹妮勒没有别的选择。她想，既然齐格·齐格拉能如此深远地影响到她的生活，那么，她为什么不能影响到别人的生活呢？

尽管她仍处于恢复之中，而且几乎没有足够的精力照顾自己，但照顾别人的想法压倒了一切。由于她一向与患有同类疾病的女性有联系，所以自然而然地，她把援手伸给了同样的乳腺癌患者。

1991年，詹妮勒成立了"国家乳腺癌基金会"（National Breast Cancer Foundation）并一直担任会长。这个组织致力于乳腺癌的相关教育与早期诊断，甚至为无家可归、没有保险的女性提供免费的乳房X光检查。詹妮勒深知女性对乳腺癌的恐惧，她走遍全国，与人分享自己的见解，请公司、协会、妇女组织中的乳腺癌患者及无家可归的、贫穷的妇女与她的乳腺癌基金会联系。迄今为止，国家乳腺癌基金会已经与一千万名妇女建立了联系。

几年前，一千多名像詹妮勒一样得到过齐格·齐格拉教益的人聚集在一起悼念他。当年，当齐格第一次被人询问日后是否愿意以他的名义举办悼念仪式的时候，他有些犹豫，但是，当他得知所有的收入将被捐赠给"改变人生基金会"（Living to Change Lives Foundation）后，他痛快地答应了。

改变人生基金会是一个非营利性的组织，致力于年轻人的人格培养。它还根据得克萨斯州（Texas）通过的一项法律，在该州的公立学校中开展人格教育课程。在很多儿童缺乏积极人生榜样的社会里，这个志愿项目教学生们认识到了勇气、信赖、完善、尊重、礼貌、责任、公正、关心、良好人权和学校自豪感的重要性。

出身背景、财富多寡、学历高低并不重要，重要的是，你知道你能做出一番事业，你知道自己是带着上天对你的期望来到世间的。

✳ 教育是创造精神财富的基础

尼铎·R. 丘比恩从黎巴嫩只身来到美国已经有30年了，来时他还只是一个少年，口袋里只有50美元，英文程度勉强及格，他的梦想就是努力工作，并且成为一个成功的美国人。我不知道你如何界定成功的含义，但是，看看尼铎踏足美国这个机遇之地后获得的成就吧。

如今，尼铎已经成为美国顶尖的商业咨询家和职业演说家之一，获得过多项演说界的最高荣誉。在职业生涯中，他参与了很多成功的商业冒险，是一家公关公司的董事长，曾为大丰收食品公司、商业生活有限公司及美国北卡罗来纳小姐选美活动出谋划策。尼铎还在一家《财富》500强企业的董事会和执行委员会任职，写过12本关于领导、销售、传播和成功的书籍。

仅仅是阅读这个单子，我就已经筋疲力尽。但尼铎的成就远不止此，他还有一系列的慈善之举。尼铎在30多个志愿机构任职，包括美国的基督教青年会，这个组织负责指导美国2600名基督教青年。作为丘比恩基金会的主席，尼铎资助了众多社区项目和多所大学。

他究竟是如何抽出时间做了这么多事情呢？是态度，尼铎自己是这样认为的。你知道，尼铎很有福气，由于一位匿名人士的资助，他完成了大学学业。所以，他立志回报社会。2004年，尼铎·R.丘比恩联合奖学金为600名大学生颁发了300万美元的奖学金。2005年，尼铎担任母校高点大学（High Point University）的校长。尼铎认为生活应该分为三个部分：三分之一的收获、三分之一的学习、三分之一的付出。我的朋友尼铎活出了自己的人生哲学，是世界上最慷慨、最有同情心的人之一。他的人生态度正在发挥积极作用，为后人留下永恒的财富。

尼铎深知教育的价值，因此，他竭尽所能让其他人也能享受到受教育的机会。尼铎不仅奉献出了他的时间，而且由于他事业有成，他还奉献了自己的财富。不过，要想对教育有所贡献，你不必一定要有尼铎那样的个人资源。

唐·卡斯特尔是已经退休的电话公司职员，当他参观了位于科罗拉多州谢立丹附近穷乡僻壤中的福特劳艮小学时，他被所看到的景象震惊了。衣衫褴褛、经常赤脚的学生们正坐在随时可能塌陷的教室里上课，教师们放弃了每年的加薪，为学校节省支出。学校急需修复，但是，校方却因经济问题而无能为力。

卡斯特尔决心帮助福特劳艮小学。他在由电话公司退休人员组成的美国电话先锋协会中寻找搭档，共同开展为小学生募集衣物的活动。他们卖掉当地律师事务所捐赠的二手办公室设备和电脑，又有了数千美元。这些志愿者为孩子们修建了一个新操场，孩子们则以优秀的成绩来作为回报。学校领导说，卡斯特尔的努力发挥了重要的作用，其他志愿者们由于受到他的影响，依然年年为学校提供帮助。

当然，还有无数的男女教师，每天忙碌于教育的第一线，为青少年的成长付出了各种努力。前面已经讲述了布莱恩·沙法尔的非凡故事，他正在改变孩子们的人生，给他们的内心世界留下精神遗产。你是无法用金钱来衡量布莱恩和其他老师们所做的工作的。但不幸的是，全世界有很多教师还没有得到应有的评价，有很多人收入微薄，被人瞧不起，但工作却很累。玛娃·柯林斯在芝加哥的公立学校系统工作14年后，离开了这个地区。她对自己在公立学校的工作经历感到失望，对自己孩子就读的著名私立学校的教育质量也不满意。玛娃在自己家的二楼制订了一项教育计划。1975年，她投资5000美元，在芝加哥的加菲尔德公园创立了"西侧预科学校"（Westside Preparatory School），当时只有6个学生，其中有两个还是她自己的孩子。

办校第一年，在测验中，学校每个孩子的成绩都至少提高了5个等级。令人吃惊的是，这些获得如此出色成绩的孩子们以往一直被贴着"有学习障碍"、"问题学生"、"智力迟钝"的标签。

由于玛娃成功地挽救了这些被原来的学校系统视为"不可救药"的学生，她被邀请出任美国教育部部长，但她谢绝了，为的是能够继续留在自己的学校。像很多老师一样，她正在发挥重要作用，并为后世留下永恒的精神财富。"每个孩子都是天生的成功者"，这是她的教育理念，成千上万孩子们的人生已经在她的这种教育理念下发生了变化。

我深深地感谢玛娃·柯林斯和布莱恩·沙法尔，以及所有献身于教育事业的人。我祝福你们，同时也希望你们永远不要放弃，因为，教育是得以创造精神财富的基础。

✦ 许愿激发生命力

"许愿基金会"（Make-A-Wish Foundation）在一些年轻人的生活和他们的家庭中发挥着重要作用。这个基金会的宗旨是帮助那些患有绝症的孩子实现梦想。曾经有一个孩子，临终前想做一天的警官，于是，一群关心他的朋友和一些陌生人齐心协力，帮助他完成了这个心愿，而许愿基金会也由此成立。迄今为止，它已经发展成为遍布五大洲、拥有75家美国分会、27家国际会员单位的世界性组织。在慷慨的捐赠人和25000名志愿者的帮助下，许愿基金会自1980年以来已经为127000名儿童完成了临终心愿。

几年前，我有幸成为该基金会全国代表大会的主讲人。我和五百多位来宾在现场聆听了一位母亲所讲的感人故事：基金会帮助她的女儿实现了临终前的最后一个心愿，给她不幸的家庭带来了片刻的幸福、快乐和笑声。直到此时，我才对这个组织所做工作的伟大意义有了更加全面、更加深入的了解。

那天，患有镰状细胞贫血症的4岁男童阿伦·亚历山大有幸成为基金会的第50000名帮助对象，他也因此受到了人们的关注。那天，我看到了阿伦，当时他正在四处乱跑、横冲直撞，和普通的小男孩一个样子。阿伦的愿望是成为一名牛仔，许愿基金会带他和妈妈飞到了蒙大拿州迪龙的塞尔科克牧场，在那里他穿上牛仔装，沿着牧场周边工作。此外还以他的名义开展了一场游行。

他的妈妈告诉我，当上牛仔的经历使阿伦的生活发生了巨大的改变。她说，在心愿实现之前，阿伦会经常喊累叫疼，但是，从牧场回来之后，他经常在房子周围跑来跑去，还边跑边叫："妈妈，妈妈，我是牛仔，妈妈，妈妈，我现在真的是牛仔啦！"

有幸在许愿基金会演讲并遇到阿伦，给了我第一手资料，让我能够认识到实现孩子心愿的巨大力量。基金会的会长和总裁保拉·范·奈斯说："不管他们的病情如何，许愿能够营造出充满希望、力量、笑声和尊严的气氛，改善那些许愿孩子的生活质量。我有一个理想，我希望世间的每一个人，都能够体验到那种肯定人生的、改变人生的、令人着迷的、完美无缺的心愿的力量。"

✦ 常年行善举

并非只有致力于慈善事业的各种组织作出了重要的贡献，那些把贡

献看得比盈亏更为重要的各种公司同样热衷于慈善事业。有限品牌公司
（Limited Brands）决定通过一个叫"爱心树"的活动造福社会。

为了提高妇女地位，培养少年儿童，提高教育水平，这个令人吃惊
的计划，鼓励洗浴品公司的4000家分店在感恩节到元旦期间，从家庭暴
力避难所认养家庭，并为避难所的居民购买心愿单上的物品。2003年，
洗浴品公司从家庭暴力避难所和联合慈善总会认养的家庭总数超过9000
个，并为近30000名孩子提供了心愿单上的物品和部分书籍。

分店的职员们非常欣赏这种造福他人生活的方式，他们把原本只在
感恩节到元旦期间才举行的活动变成了常年举行的活动。2004年的母亲
节，爱心树活动为20000名居住在家庭暴力避难所的妇女提供了心愿单
上的物品，并附上祝福与鼓励。洗浴品公司的所有经理与职员也可以得
到关于乳腺癌和家庭暴力的教育资料。

据有限品牌公司的慈善主管戴布·弗兰内里称，参加爱心树活动的
员工们确实受到了很大的鼓舞。"我们希望，我们的员工能将'回报
社会'的价值观永远地镌刻在自己的生活中，并且能鼓励别人也这
样做。"

✦ 赠送视力

"亮视点"（Lens Crafters）是又一个致力于回报社会的公司。我有
幸不止一次非常愉快地在这个公司的总经理年会上发表演说，而他们是
我所见过的最热情的观众。会见过前董事长兼执行总裁戴夫·布劳恩之
后，我很快明白了其中的原因。全公司正致力于通过"赠送视力"计划
回报社会。戴夫告诉我："我们诚心诚意地做出了赠送视力的决定，我

们的每个员工已经承诺义务参加这项活动。"

这项活动计划为北美地区及全世界的低收入者提供免费视力服务。到了事先约定的"家乡日",位于美国和加拿大的所有亮视点分店提前营业,为当地社区的低收入者免费检查视力并赠送眼镜。

最近我收到一封亮视点公司执行董事杰伊·斯科特·斯都廷的来信,讲述了一个十分感人的家乡日受惠者的故事。

我们这个最令人难忘的家乡日故事的主角是一个素未谋面的学生。我们已经为当地一个学校的20名学生做完视力检查并赠送眼镜,就在此时,一位老师询问我们,能否为一个未获母亲允许前来参加家乡日活动的女生修理一下眼镜。

当我们打开眼镜盒时,看到了一副没有眼镜腿的眼镜,代替眼镜腿的是一条可以套在头上的细绳。老师告诉我们,尽管别的同学总是尖刻地嘲笑她,她仍然每天戴着这副眼镜去学校上学。我们都被她的境况感动了,决定为她换副新眼镜。

但当我们发现她的镜片的验光结果只有-8.25和-4.5时,我们全都哭了。这意味着她的视力非常非常差。我们为她挑选了一副漂亮的镜框,制作了新的镜片,托她的老师带了回去。尽管没有亲眼目睹这个小女孩儿看到新眼镜时的表情,但是,当得知这份礼物已经在她的生活中引发了不可思议的变化时,我们就心满意足了。

这个故事说明,即使你无法亲眼目睹你的工作成果,你的心里也依然明白,你在另外一个人的生活中发挥了极大的作用。永远不要忘记,这个社会上有很多很多的人需要帮助，而你，则可以通过各种各样的渠道发挥作用。

✳ 人生以服务为目的

毕业于耶鲁法学院的玛瑞恩·赖特·艾德曼是一位人权主义者，她建立了保护儿童基金会。她说："善举只是你住在地球上的租金。"她的意思是说，不论你是谁，来自何处，做何职业，都应该有为社会服务的态度，并要努力把态度转化为行动。只要愿意抽出时间，我们就有时间为社会服务。而且只要有时间，我们都应该抽出时间为社会服务。

在聆听乔内塔·科尔演讲时，我想到了艾德曼的这些话。乔内塔是一位精力充沛、成就斐然的女性，曾经在斯拜曼学院做了10年的院长，最近又被任命为美国联合慈善总会的董事长。除此之外，她还在许多公司和慈善机构的董事会担任职务。

尽管每天都在令人难以想象地忙碌，但科尔博士仍然坚持履行自己1998年时与一个11岁女孩的约定。当时，科尔博士在"大哥大姐"项目（Big Brothers/Big Sisters program）中成了这个女孩的"大姐"（Big Sister）。在演讲中，科尔博士谈到了她之所以能够做出指导这个小女孩儿的决定，是因为这个小女孩儿偷走了她的心。当想到她能够丰富这个女孩子的生活时，科尔博士意识到，她们之间已经建立起一种互敬互爱、彼此欣赏的关系。

我们都能抽出时间回报社会，因为在我们的人生旅程中，已经有不少非凡的人物抽出时间帮助我们。就像科尔博士在她最近的讲话中所说的那样："每个人都可以因奉献而变得伟大，而你所需要奉献的一切，就是一颗充满善意的心灵、一个充满爱心的灵魂。"

✴ 留下印记，发挥影响力

多年前，在巡回演讲的旅途中，我遇到了自己事业上的瓶颈期。我坐在又一家陌生酒店的床上，身心俱疲。我觉得我已经逐渐坠入消极态度之中，却无所适从。我拿着在巡回演讲途中已经整整看了24天的那份菜谱盯着看，烦人的恐惧与失望仍然挥之不去。

我感觉我的心情越来越沮丧，于是，我急忙打开态度工具箱，开始调节自己的态度："为什么我会有这种感觉？我有自己的事业，有繁忙的日程安排，有出色的员工。我的书和录音带在全世界发行。我赚了大钱。我有一幢新房子，一辆新汽车。我有了以前想要的一切东西，而且我正在追求我的理想和激情。"

态度调节效果不错，但稍后我又开始痛苦起来："那为什么我又如此闷闷不乐、牢骚满腹？我一直在抱怨，而抱怨的却是那些以前从未让我烦心的事情。"

那天夜里，我停止了内心对话，这是当疲劳要把你拖进消极态度区时你必须做的事情。但到了第二天，我仍然有一大堆的消极想法，它们萦绕在我的心头，一直到我与表妹吉娜在芝加哥共进午餐时才逐渐消失。吉娜告诉我，晚上她要去参加由魅力超凡的牧师克莱夫洛·A.道勒博士主持的弥撒。道勒牧师的教会最初建在亚特兰大的一所小学内，只有八个人。如今，它坐落于佐治亚州学院公园（College Park）内，已经发展成为充满活力的国际性世界改造者教会，参加弥撒的人数曾经高达25000人，工作机构遍布全世界，在澳大利亚、南非、英国设有办事处，已计划在印度、巴西、尼日利亚、巴布亚新几内亚和中国香港地区开设新的办事处。

我与道勒牧师很熟。我在宗教广播网的电视频道上多次看见他，还曾经两次参加他的教会礼拜，但是，我谢绝了我表妹邀我共同前往教会的好意。她试图说服我同去，但我感觉太累了。午饭后，我回到了酒店，消极的内心对话又继续响起，于是，我又一次停止了内心对话，开始小睡。我想，或许只是旅途劳累吧。三个小时后醒来时，我重新找到了精力充沛的感觉，所以，我决定去参加表妹的弥撒。到达弥撒会场时，让我难以置信的是，门外已经是人山人海了——至少有5000人排队站在那里，等待入场。

我无意中听到，有人开了9小时的车才到达这里。还有人插嘴说："有很多人比你们还远。"道勒牧师这个拥有一万个座位的教会距离我位于亚特兰大的家只有50分钟车程，但我记得我仅仅勉强来过两次。

我走到会场的第一排，看看我是否能找到吉娜，但是那里人太多了，根本看不见她在哪儿。不过，我不再焦虑了，感觉非常轻松，比过去几周都要轻松。我似乎感到，某些重大的事情将要发生。

✳ 超越自我，造福社会

在教众的鼓掌声中，年轻的道勒牧师出现在讲台上，以"留下无法磨灭的印记"为题开始布道。所谓"留下印记"，他解释说，就是要实实在在地对他人的生活产生深远的影响。当你这样做了之后，它就会产生扩散效果。换句话说，你对别人的帮助或指导之所以能感动很多人，其根源是你对一个人的感动。这种感动是具有传染性的。

重要的是，你要明白，你的举手之劳，也有可能对另外一个人的生活产生重大而深远的影响。当然，结果如何，有多少人受到感动，我们不是总能知道，但毋庸置疑的是，当你向一个人伸出援手时，很多人也会跟上来。

那天，我第一次听到道勒牧师的这些话，它们都汨汨地流进了我的心田。我认识到，由于内心消极，我开始忽略我得到的很多祝福，变得以自我为中心，自私自利。旅途劳顿让我陷入厌烦无聊、自怨自艾之中。是的，我确实很累。没错，巡游全国会让你也筋疲力尽。但我忘记了这样一个事实：我正在实现我的梦想。

道勒牧师提醒了我，我的生活重心应该是尽量发挥上天赋予自己的天赋，并以此回报社会，以表达对上苍的感恩之心。我想，当道勒牧师向大众宣讲他的理念时，他正在实现他的理想，因为他确实正在发挥思想的影响力，成为一名世界改造者。道勒牧师的话犹如一盏明灯在我的脑海中亮起，我意识到我需要进入更高的精神境界。

那天晚上，我的思想有了突破性的发展，人生观发生了重大改变。我不再总抱着"这对我有什么好处"的态度走向社会，转而以"我能为上帝做什么，我能为他人做什么"的态度走向世界。道勒牧师的话让我认识到，我需要以感恩和谦卑的态度看待世界。我认识到，人生中所能获得的最大收获，只有在你不计回报、造福他人时才能到来。要想成为一位改变世界的人，首先要改变自己的心灵。

那天晚上，当我带着受到洗礼的心灵离开圆形会场时，我决心在别人的生活中留下不可磨灭的印记。回想起那个晚上，如果我从未迈出前往教会的第一步，那就不会有现在这样的思想。我也不愿去想我未来的人生会变成什么样子。

道勒博士在他人的生活中发挥着重大作用。我写这本书的目的，首

先希望能够影响你的人生，再由你去影响别人的人生，创造出不可磨灭的历史印记。我相信你有伟大的灵魂，现在是让全世界的人都知道的时候了。如果你能坚持把本书列出的步骤付诸实践，你会发现自身会产生积极的变化，这种变化也会在你与他人的交往中产生。每天，你都可以选择到底要过什么样的日子。

我们拥有各种各样的特殊天赋，但并非为让我们独享。我们的天赋要用来造福他人，而这正是留下人生印记的真正含义。记住，你的态度是无价之宝。希望你在璀璨的人生旅程中，能够发现自己灵魂深处的力量。

态度决定一切！

致　谢

***

在本书的写作过程中，我有幸得到很多才智之士的帮助与支持，在此谨致以衷心的感谢：

衷心地感谢我优秀的工作人员，乔伊斯·海德，桑迪·米勒，海地·斯蒂潘诺维奇，唐纳·凯什，黛博拉·约翰逊，感谢他们所有的帮助与支持。

衷心地感谢本书的编辑黛安娜·瑞法朗德，感谢她的睿智见解、及时反馈与内行专业。衷心地感谢詹妮特·黛里、理查德·罗厄和哈珀·柯林斯出版社其他的优秀工作人员。

衷心地感谢我的作品代理人詹·米勒以及她的大力帮助。衷心地感谢香农·米策尔–马文，他倾听了我的写作计划，分享了我的写作热情，并鞭策我将其付诸笔下。

衷心地感谢威斯·史密斯，感谢你持之以恒、尽职尽责的努力，感谢你接受我的思想观念，并奠定了本书得以问世的基础。没有你的帮助，这本书无法完成。

衷心地感谢我的姐姐托尼·玛丽塔，感谢你的支持与指导。当我需要你的时候，你总是有求必应。

特别感谢我的朋友阿拉贝拉·格雷森，感谢你在本书整个修订过程中付出的大量时间、睿智洞见、全力支持和积极态度。特别特别地感谢你。

衷心地感谢玛莎·坎斯勒，感谢她在立意、写作、组织方面为本书修订所提供的专业见解。

最后，我要衷心地感谢那些为本书的修订做出各种特殊贡献的人，他们是：切里·卡特—斯科特博士，乔伊·卡佛，丹·克拉克，罗恩·考克斯，比佛利·福特博士，莱吉·格林，戴林·格伦博格，哈蒂·希尔，詹妮特·希尔，萨姆·豪恩，克劳夫·胡佛，凯茜·耶利米，斯蒂夫·林·皮肯和凯里·林·皮肯，艾伦·琼·波莱克，马克·西尔，道·斯玛特，考兰卓·赖特，卡罗琳·查托，克里丝·卡瑞和凯·都庞特。